中国地质大学(武汉)秭归产学研基地野外实践教学系列教材
中央高校教育教学改革基金(本科教学工程)资助
湖北省教学研究项目"地球信息科学与技术专业三峡秭归野外实践教学资源建设"资助

秭归产学研基地野外实践教学教程
——地球物理与地球信息科学技术分册

陈丽霞　曹雪莲　袁晏明　张　志　编著

图书在版编目(CIP)数据

秭归产学研基地野外实践教学教程.地球物理与地球信息科学技术分册/陈丽霞等编著.—武汉:中国地质大学出版社,2020.12(2022.9重印)

ISBN 978-7-5625-3376-4

Ⅰ.①秭…
Ⅱ.①陈…
Ⅲ.①地质调查-野外作业-高等学校-教材②地球物理学-高等学校-教材③地理信息系统-高等学校-教材
Ⅳ.①P622②P642

中国版本图书馆 CIP 数据核字(2020)第 213753 号

秭归产学研基地野外实践教学教程		
——地球物理与地球信息科学技术分册	陈丽霞 曹雪莲 袁晏明 张 志	编著

责任编辑:谢媛华 郑济飞	选题策划:谢媛华	责任校对:徐蕾蕾
出版发行:中国地质大学出版社(武汉市洪山区鲁磨路388号)		邮编:430074
电 话:(027)67883511	传 真:(027)67883580	E-mail:cbb@cug.edu.cn
经 销:全国新华书店		http://cugp.cug.edu.cn
开本:787毫米×1092毫米 1/16	字数:298千字	印张:11.75
版次:2020年12月第1版	印次:2022年9月第2次印刷	
印刷:武汉中远印务有限公司		
ISBN 978-7-5625-3376-4		定价:36.00元

如有印装质量问题请与印刷厂联系调换

前　言

中国地质大学(武汉)地球物理与空间信息学院地球物理大类专业含地球物理(地质与地球物理实验班)和地球信息科学与技术两个专业。地球物理大类专业办学目标是培养学生具备坚实的数理基础和较系统的地质、地球物理、3S等基本理论知识和基本技能；能运用物理学、数学与计算机科学的理论、方法和现代高科技手段，从事地球内部结构探索、地球动力和演化、资源勘查和开发利用、地质灾害的预测和防治、重大基础工程的勘测、生态环境的保护以及对污染的监测等方面的工作，培养学生成为具有创新精神、实践能力、良好的科学素养、教学科研能力及德智体全面发展的高级专门人才。在基于该培养目标而设置的主要课程和教学环节中，地质实践教学实习是尤其重要的一环。

三峡秭归教学实习是中国地质大学(武汉)地球物理与空间信息学院地球物理专业的一次重要的基础地质实习，也是地球信息科学与技术专业唯一一次野外地质实习。实习安排在大学三年级入学初，既是对学生前两年专业地质基础理论教学(普通地质学、构造地质学、矿物岩石学、地史学)的实践，也是对学生野外地质实践能力的培养和提升。随着教学实习时间的增加与教学内容的不断丰富，秭归地质实践教学工作在地球物理与空间信息学院本科基础教学工作中的突出作用越来越显著。实习区位于世界著名的水利枢纽工程——三峡大坝所在地，是中国南方从太古宙到古生代直至新生代地层发育最完整、最连续、最著名的地区。该地区地形地貌奇特，沉积岩、岩浆岩、变质岩出露齐全，地质现象尤为丰富。

中国地质大学(武汉)地球物理与空间信息学院秭归地质实习教学团队通过多年秭归野外实践教学工作和后期其他课程的课堂教学发现，秭归地质实习模式与地球物理专业和地球信息科学与技术专业的培养目标有一定的距离。学生在后期理论课程学习、就业或更高层次的研究学习期间，逐渐凸现秭归地质实习过程中存在的不足。为此，教学团队自2015年起，开始进行地球物理专业和地球信息科学与技术专业的秭归实践教学改革实践。经过5年的教学摸索，初步构建了具有本专业特色的教学体系和教学内容。为进一步提升教学质量，统一教学要求，教学团队组织编写本教材，与团队已开发建设的中国大学MOOC秭归野外地质实践教学合为一体，高效实现"互联网＋"时代野外实践的线上与线下混合教学。

本书共分六章，第一章是实习目的与要求，第二章是秭归实习区自然地理与地质背景，第三章是野外装备的使用，第四章是基础理论与技术方法，第五章是实践教学内容与要求，第六章是室内资料整理与报告编写。章节编写的具体分工：第一章、第三章和第五章由陈丽霞、曹雪莲编写;第二章由陈丽霞、袁晏明编写;第四章由陈丽霞、张志、袁晏明编写;第六章由陈丽霞、曹雪莲、袁晏明编写;陈丽霞负责全书的统稿和协调工作;张志、袁晏明负责全书的审定工作。本书由中国地质大学(武汉)地球物理与空间信息学院罗银河教授担任主审,地球物理专业和地球信息科学与技术专业师生提出了宝贵的意见,地球科学学院的许多教师也为本书提供了宝贵的指导意见和资料参考,在此一并表示谢意。

本书受湖北省教学研究项目"地球信息科学与技术专业三峡秭归野外实践教学资源建设"资助,是该项目研究成果之一。本书为地球物理专业和地球信息科学与技术专业秭归实践教学的教材,也可作为信息工程、计算机等非地学类相关专业的秭归实习指导书。

由于教学改革还在摸索、起步阶段,加之笔者水平有限,疏漏之处恳请广大读者批评指正。

秭归野外地质实践教学
中国大学 MOOC 二维码

中国地质大学(武汉)地球物理与空间信息学院
秭归地质实习教学团队
2020 年 6 月 1 日

目 录

第一章　实习目的与要求 …………………………………………………………… (1)
　　第一节　实习目的 …………………………………………………………… (1)
　　第二节　实践内容设置 ……………………………………………………… (1)
　　第三节　实习进度安排与要求 ……………………………………………… (1)
　　第四节　线上线下混合教学要求 …………………………………………… (2)
第二章　秭归实习区自然地理与地质背景 ………………………………………… (3)
　　第一节　自然地理 …………………………………………………………… (3)
　　第二节　气象水文 …………………………………………………………… (4)
　　第三节　地形地貌 …………………………………………………………… (5)
　　第四节　地层与岩石 ………………………………………………………… (6)
　　第五节　地质构造 …………………………………………………………… (28)
　　第六节　新构造运动与地震 ………………………………………………… (34)
　　第七节　水文地质条件 ……………………………………………………… (34)
　　第八节　不良地质现象与地质灾害问题 …………………………………… (35)
　　第九节　矿产与旅游资源 …………………………………………………… (38)
第三章　野外装备的使用 …………………………………………………………… (41)
　　第一节　罗盘的使用 ………………………………………………………… (41)
　　第二节　地形图的使用 ……………………………………………………… (45)
　　第三节　野簿记录 …………………………………………………………… (47)
　　第四节　无人机的使用 ……………………………………………………… (50)
　　第五节　野外采集系统的使用 ……………………………………………… (56)
第四章　基础理论与技术方法 ……………………………………………………… (57)
　　第一节　地层与岩石的基础地质理论和野外观察方法 …………………… (57)
　　第二节　地质构造的基础理论与野外观察方法 …………………………… (72)
　　第三节　崩塌与滑坡灾害野外调查方法 …………………………………… (77)
　　第四节　遥感地质解译方法 ………………………………………………… (84)
　　第五节　数字化地质填图工作方法 ………………………………………… (109)
　　第六节　基于地理信息系统的地质制图方法 ……………………………… (113)

第五章 实践教学内容与要求 ……………………………………………………… (120)

第一节 实习区踏勘 ………………………………………………………… (121)
第二节 沉积岩与构造观察路线 …………………………………………… (121)
第三节 沉积岩与地质灾害观察路线 ……………………………………… (137)
第四节 岩浆岩及变质岩观察路线 ………………………………………… (149)
第五节 地质构造观察路线 ………………………………………………… (162)
第六节 实测地层剖面与独立填图区踏勘 ………………………………… (171)

第六章 室内资料整理与报告编写 ……………………………………………… (174)

第一节 室内资料整理 ……………………………………………………… (174)
第二节 报告编写 …………………………………………………………… (175)
第三节 实习报告质量评定标准 …………………………………………… (177)

主要参考文献 …………………………………………………………………… (178)

第一章　实习目的与要求

第一节　实习目的

中国地质大学(武汉)地球物理与空间信息学院的地球物理专业和地球信息科学与技术专业在秭归产学研基地实习4周,既是前两年地质基础知识理论教学(普通地质学、构造地质学、矿物岩石学、地史学)的延伸与补充,也是培养学生解决地学问题专业能力的重要基础环节,目的在于培养学生:

(1)强化并补充室内地质基础知识理论并付诸实践;
(2)补充初步实践地球信息技术在地质中的应用实践环节;
(3)掌握基本地质技能和地质思维。

第二节　实践内容设置

本次实习教学内容涵盖野外装备的使用、野外基础地质实践工作方法、地球信息技术地学实践方法、路线教学内容等方面。具体实践内容包括:

(1)地质三大件的使用;
(2)野簿的记录格式及信手地质剖面图的绘制;
(3)三大岩类野外鉴定描述与地质构造现象的野外观察记录;
(4)无人机使用与遥感影像地质灾害判读;
(5)实测地层剖面图、地层柱状图的绘制;
(6)信息化背景下的独立野外地质填图与室内制图;
(7)实习报告的编写。

第三节　实习进度安排与要求

本次实习按4周安排,具体分为以下5个阶段。

(1)实习准备阶段。集中召开实习动员大会,使学生了解实习的目的、内容及要求,为实习做好充分准备。除要求学生进站前2个月完成线上MOOC学习外,还要做以下准备:①预习实习区域地质概况,路线安排;②了解实习管理规章制度和注意事项,尤其是学习纪律、安全纪律、保密纪律、群众纪律以及团队协作精神；③领取野外用品，包括实习区地质图、地质罗盘、地质锤、放大镜、地质包、稀盐酸、数字填图设备、无人机、安全帽、安全背心和其他实习需要的设备等；④参观实习基地、岩石园和标本室。

（2）教学阶段。本阶段由教师带领学生完成10～12条野外路线，平均每天1条。同时，根据需要开展室内教学，如区域地质概况介绍、地质填图方法、剖面实测与图件绘制和报告编写等。

（3）独立工作阶段。本阶段的实习任务主要由学生独立完成，涉及实测地层剖面和野外地质填图工作。

（4）资料整理阶段。本阶段学生按照要求对实习期间的野簿、图件、数据、标本、照片等进行系统梳理，完成实习报告编写。

（5）评价阶段。本阶段教师通过学生的MOOC线上学习成绩、平时成绩、考试成绩和实习报告成绩进行综合评价。野簿记录质量和报告编写质量评价标准见第三章第三节和第六章第三节。学生实习成绩的组成比例为：MOOC成绩20％、野簿与野外平时成绩10％、考试成绩30％、实习报告成绩40％。

第四节　线上线下混合教学要求

（1）MOOC线上课程预习要求。学生在进驻秭归产学研基地之前的2个月内，自主学习线上中国大学MOOC秭归野外地质实践教学（可扫描右侧二维码或点击链接http://www.icourse163.org/course/preview/CUG－1206135804？tid＝1206441203），并完成单元测验和课程综合测试；记录有疑问的知识点或提出相关问题，或在线上直接与教师沟通，或到达秭归产学研基地后在野外现场请教师指导解决。

（2）路线教学要求。不迟到，不早退，不中途退出。师生带头穿戴好头盔与安全背心，并时刻注意安全。在班级群里下发次日路线任务，以班级为单位开展路线教学活动。采取老师讲解、学生观察并记录的方式，主要使学生掌握野外地质工作的基本技能。教学过程中，不可遗漏教学点，教学完毕需抽查野簿。

（3）慕课堂教学要求。实习期间，教师通过中国大学MOOC的慕课堂平台提前发布第二天的教学路线任务、预习要求、作业与复习要求，布置练习题，学生在实习当天完成作业。

（4）野外独立填图要求。配合室内教学，选取1～2条路线由教师带领填图区踏勘。在独立地质填图过程中，学生以小组为单位，提前一晚向带班教师汇报当日工作成果以及次日工作计划。教师在填图区值班巡视，随时了解学生独立工作的情况，及时解决学生遇见的问题。在教师的指导下，学生小组独立完成规定范围内的地质填图工作。

（5）报告编写要求。室内教学阶段，主要由教师室内辅导、学生独自完成野外地质实习报告的编写工作。具体的报告章节编写要求详见第六章。

第二章　秭归实习区自然地理与地质背景

第一节　自然地理

中国地质大学(武汉)秭归产学研基地于2006年建在宜昌市秭归新县城茅坪镇。秭归实习区位于湖北省西部,长江西陵峡两岸,地跨北纬30°38′—31°11′,东经110°18′—111°0′。

秭归县东与宜昌市夷陵区的三斗坪、太平溪、邓村交界,南同长阳的榔坪、贺家坪接壤,西邻巴东县的信陵、平阳坝、茶店子,北接兴山县的峡口、高桥。东南至太阳坪,与宜昌、长阳接壤;东北至五指山,与宜昌、兴山接壤;西南至香炉山,与巴东、长阳接壤;西北至羊角尖,与巴东、兴山接壤。县境东西最大横距66.1km,南北最大纵距60.6km,西端牛口距三峡大坝仅58km,东端紧靠三峡大坝,面积为2427km²。

县内交通便利,沿江两岸集镇较多,长江黄金水道沟通川汉宁沪,水路交通极为便利,公路交通以宜秭公路和移民复建的秭兴公路、凤茅公路和沿江公路为干线,以乡镇及村级公路为支脉,基本形成了村村通公路的交通路网(图2-1)。

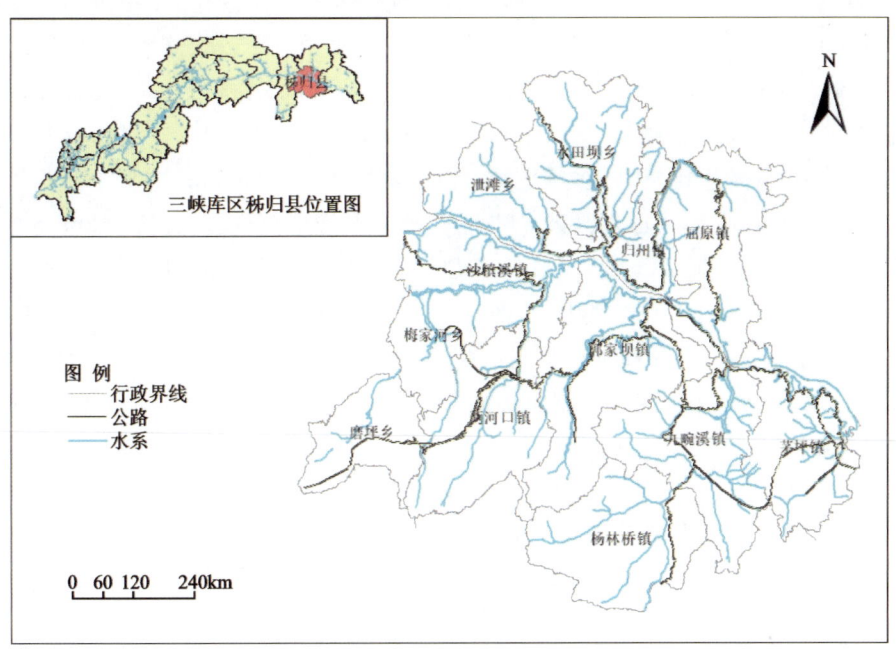

图2-1　秭归县行政区划与交通位置图

三峡库区经济以农林业为第一产业,农林资源丰富,适宜农林牧副多种经营,具有较好的开发优势。农作物主要为粮食、棉花、油料作物,经济林多集中于长江及其支流两岸,主要盛产柑橘,但由于土地资源开发利用不够合理,导致水土流失严重,森林覆盖率低,抗灾能力差。目前农田基本建设差,人均耕地少,农业生产水平不高,县内大部分地区属经济不发达区,为湖北省边远贫困山区县之一。根据农业综合区划,秭归县以农林区为主。

三峡库区内自然资源丰富,矿产资源以煤矿为主,已探明或开采的矿区面积为 $133km^2$,主要分布于新滩、香溪、杨林桥、磨坪等地,金矿和石材主要分布在茅坪。水利资源蕴藏量大,年平均径流量 $23.9×10^8 m^3$,水资源总量 $17.2×10^8 kW$。旅游资源丰富,以历史人文景观、三峡自然景观和九畹溪探险旅游最为著名。

秭归县为山区贫困县,以农林业为主,工业不发达。三峡库区内广泛分布有耕地,主要为旱地,水田多为在山谷、坡地等地下水溢出部位改造而成,这些地区常产生地质灾害。经济林主要集中分布在高程 500m 以下的长江及其支流河谷内,多种植柑橘,高山区经济林分布较少,主要为用材林。农林经济活动现状表现为土地利用结构简单,农林业结构单一,人地矛盾突出,区内多为陡坡地,人为垦植、采伐森林等对土地生态环境破坏较大。库区内主要人类工程经济活动为农林经济活动,公路工程建设、城镇、小集镇、农村居民点的建设,水利水电工程建设,采矿工程活动及库区移民建设。

第二节 气象水文

秭归地处中纬度,属亚热带季风气候,四季分明,雨量充沛,光照充足,因受秦岭与鄂西山地屏护,气候比较温和,是湖北著名的冬暖区和甜橙栽培的最佳适宜区。同时由于县内受地势和海拔高差的影响,气候类型垂直变化明显。区内降水受地形影响较大,海拔 100m 以下平均年降水量 947.6mm,800m 以上 1 143.4mm,1500m 以上 1 865.2mm,1800m 以上 1 904.3mm。春季降水量占 27.1%,夏季占 43.1%,秋季占 23.7%,冬季仅有 6.1%。湿度较大,多年平均相对湿度 76.1%,最高达到 85%;多年平均水面蒸发量 800~1000mm,空间分布不均。

长江为县内主要河流,由巴东县破水峡入境,横贯县境中部,境内流长 64km,于茅坪河口出境,葛洲坝水库蓄水前,区内长江最低水位 42m,历史调查最高洪水位 82m,相应流量 $105 000 m^3/s$(1870 年),多年平均流量 $14 300 m^3/s$;三峡水库蓄水后,大坝下游葛洲坝水库水位保持在 66m 左右。同时,秭归县内支流水系发育,溪流网布,135 条小溪汇成南北共 8 条水系注入长江,长江南岸自西向东为青干河、童庄河、九畹溪、茅坪河,北岸自西向东为泄滩河、吒溪河、香溪河、龙马溪,总流域面积 $1 952.5 km^2$,境内流长 247.8km,河网干流密度(指八大水系干流,不含长江和 135 条支流小溪)为 $0.1 km/km^2$,实测多年平均径流量 $18.37×10^8 m^3$。由于本区山高水急,水能蕴藏丰富,水能蕴藏量达 $17.20×10^4 kW$,其中可开发量为 $6.06×10^4 kW$。县内喀斯特地貌发育,地下水资源比较丰富,已探明伏流、岩石裂隙水 37 处,总流量 $8.57×10^8 m^3$。

第三节 地形地貌

秭归县三峡库区位于鄂西褶皱山地，地势西南高、东北低，平均高程在1000m以上，山峰耸立，河谷深切，组成了南北高、中部低，以长江为最低谷，相对高差在500～1300m之间的深谷高岭相间地貌。区内地貌类型主要有结晶岩组成的侵蚀构造类型，侏罗系砂页岩组成的侵蚀构造类型，古、中生界灰岩组成的侵蚀构造类型与侵蚀堆积类型，现按分区简述特征如下。

(1)结晶岩组成的侵蚀构造类型：位于长江及其支流河谷及庙河以东，为低山丘陵地貌，地势低缓，高程在500m以下，山丘平缓，多为浑圆状山顶，水系呈树枝状发育，最大的河流为茅坪河，溪沟分布密度为35条/km。

(2)侏罗系砂页岩组成的侵蚀构造类型：位于香溪以上归州至水田坝一带，为低山区，山体高程500～1000m，水系发育，主要河流为吒溪河、香溪河、童庄河。

(3)古、中生界灰岩组成的侵蚀构造类型：在区内分布广泛，地貌形态主要为高中山、低中山、中低山3种。

高中山区分布于县区南部云台荒、香炉山一带及西北部羊角尖(高程1749m)、东北部九岭头(高程2024m)、五指山(高程1787m)等地，山体高程大于1500m，相对高差大于1000m，河谷深切，剥夷面发育，山脊线清楚，多顺构造线呈北北东向延伸。南部绿葱坡至云台荒一带高程1800～2000m，构成了长江与其支流清江的分水岭，主要山峰有云台荒(高程2056m)、香炉山(高程1635m)、老观顶(高程1721m)、凉风台(高程1700m)、漆子山(高程1863m)、向王山(高程1780m)、大金坪(高程1851m)。

长江河谷主要可分为以下3段：茅坪至庙河段，为低山丘陵，宽谷型，阶地发育；庙河至香溪段，属西陵峡西段，为中低山峡谷地貌，河谷深切，呈"V"形，阶地不发育，山地高程1000～1500m，著名的兵书宝剑峡、牛肝马肺峡位于其间；香溪以上至牛口段，为西陵峡与巫峡的过渡带，中低山地貌，宽谷型，阶地发育。

秭归县地形坡度变化较大，河谷区、低山丘陵区和中高山剥蚀台面地形坡度较缓，一般在15°左右，面积846.0km²；15°～25°斜坡多分布于中低山区，主要分布在秭归盆地内，面积960.0 km²；25°以上斜坡主要分布在长江峡谷区、中高山向中低山过渡地带，陡缓变化较大，多形成陡崖，面积621.0km²。通过对数字高程模型的光栅图像分析，图像中明亮的部分表示地势较高、阴暗部分表示地势较低，大于25°区图像明暗对比强烈，反映该区地势高差较大，是地质灾害多发区。秭归县地形坡度分区见图2-2。

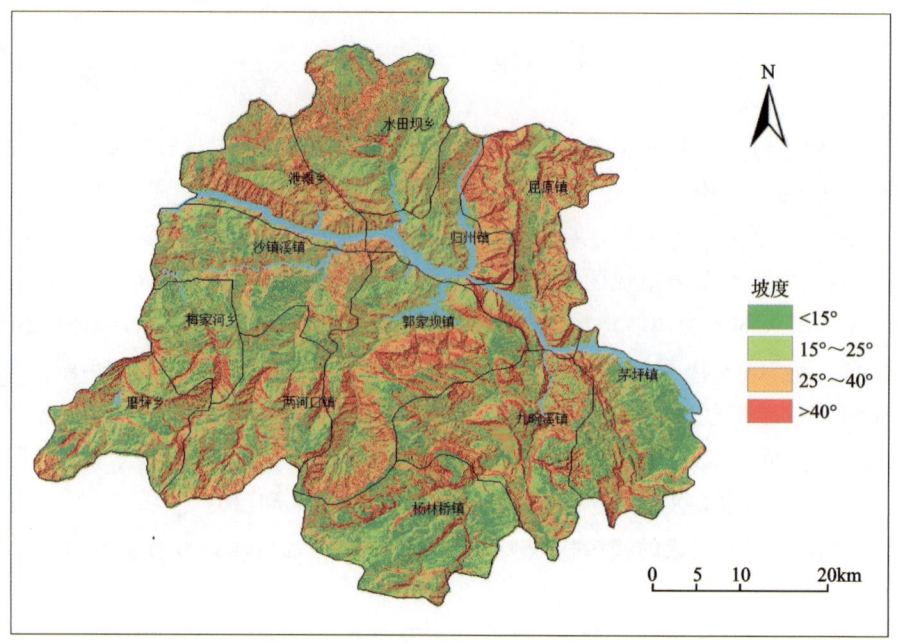

图 2-2 秭归县地形坡度分区图

第四节 地层与岩石

秭归县库区内地层发育齐全,自元古宇至第四系均有出露。元古宇崆岭群见于东部,震旦系和古生界呈条带状展布于东部至南部边缘,三叠系和侏罗系广泛发育于中、西、北部,白垩系仅见于仙女山、周坪等地,第四系主要分布在长江及其支流的河谷地带、冲沟及缓坡处。区内三大类岩石发育齐全,特别是变质岩,五大类岩石均有发育。

一、地层

秭归实习主要观察前寒武系与古生界,由于中、新生界主要分布于实习区的西部秭归盆地中,故仅作简单介绍。

(一)太古宇—中新元古界

实习区太古宇—中新元古界主要有 3 个岩组,即古村坪岩组、小以村岩组和庙湾岩组,为一套变质岩,出露于南部邓村、太平溪一带。

1. 古村坪岩组(Ar_2g)

太古宇崆岭群古村坪岩组主要分布于黄陵穹隆南部古村坪、红桂香一带,其中混合岩形成年龄约 2900Ma(Gao et al.,2011)。下部因新元古代黄陵花岗杂岩的侵入而不完整,根据岩性组合特征,自下而上划分为一、二两段,岩石特征简述如下:

一段（Ar_2g^1）主要为一套巨厚长英质黑云（角闪）斜长条带状混合岩（或混合片麻岩）夹斜长角闪岩的岩石组合，岩石类型比较单一。斜长角闪岩约占总体的21%，成层性良好，呈薄—巨厚层状或透镜状夹于混合岩中。

二段（Ar_2g^2）以黑云（角闪）斜长片麻岩为主夹少量斜长角闪片岩（约占5%），上部偶夹薄层状含石墨黑云斜长片麻岩。

古村坪岩组一段与二段之间仅发现岩石组合上的差异，而无明显的界面，主要表现为中酸性成分明显增高。总体来看，古村坪岩组具有岩石组合稳定、单一、贫钾、富钠的特征，属一套巨厚的英安质、安山质、流纹质、玄武质火山碎屑岩建造，偶夹陆源碎屑岩。无论岩石结构还是成分都表现出不成熟性，属活动性陆壳产物。

2. 小以村岩组（Pt_1x）

小以村岩组主要分布于黄陵穹隆南部薄刀岭—茅垭、九曲脑中桥一带，形成年龄2150～1850 Ma（Wu et al.，2009；Xiong et al.，2009；Yin et al.，2013；Li et al.，2016）。根据岩性组合、原岩建造特征划分为3个岩性段。

一段（Pt_1x^1）以黑云斜长片麻岩为主体，中下部见少量石墨，主要岩石类型有黑云斜长角闪片麻岩夹混合质含石墨黑云斜长片麻岩、长石石英岩、角闪黑云斜长片麻岩、黑云斜长变粒岩，原岩应为一套成熟度较低的（泥）砂质岩、含碳的泥砂质岩、长石石英砂岩型类复理石建造。局部可能有火山作用的参与。

二段（Pt_1x^2）主要由大理岩、透闪透辉石岩、透辉石岩等组成，中夹黑云斜长片麻岩及少量石英岩，原岩应为成熟度不高的碳酸盐岩、含泥质碳酸盐岩夹少量泥砂质岩。大理岩及透辉岩等在区域上具有连续稳定、厚度较大等特点，表明沉积环境相对较稳定。

三段（Pt_1x^3）主要为各类斜长角闪岩夹黑云角闪斜长片麻岩、石英片岩及夕线黑云红柱石榴片岩、榴英片岩等含富铝矿物，原岩建造属拉斑玄武质火山岩夹陆源碎屑岩。

小以村岩组的物质表明，该时代陆核对Columbia超大陆聚合裂解过程产生响应，经历微陆块碰撞—裂解过程。

3. 庙湾岩组（Pt_2m）

庙湾岩组分布于薄刀岭一带，形成年龄1150～930 Ma（Peng et al.，2012；Jiang et al.，2016；Deng et al.，2012）。根据岩性组合可以分成两个岩性段。

一段（Pt_2m^1）为变蛇绿岩套段，主要岩石类型有斜长角闪岩、角闪岩、蛇纹岩、蛇纹石片岩等，是一套中级区域变质岩和气液交代变质岩。

二段（Pt_2m^2）为变沉积岩段，主要岩性有大理岩、片麻岩、石英岩等，是一套中级区域变质岩。

庙湾岩组物质组成表明，本地区洋盆闭合，神农架岛弧与扬子陆核发生拼合，形成中—新元古代庙湾蛇绿岩套及中—新元古代沉积岩。

（二）新元古界

新元古界在本区分布广泛，主要为南华系和震旦系，其中南华系自下而上分为莲沱组、南沱组,而震旦系由老到新分为陡山沱组、灯影组。新元古界是秭归实习中重点观察的地层,除参观震旦系国际标准地层剖面外,地层实测剖面工作和野外地质填图工作均选择在此地层中进行,故是需重点了解与掌握的地层。

1. 南华系(Nh)

秭归地区南华系分布较广,并呈环带状沿黄陵背斜核部基底周缘分布,高家溪、泗溪和九曲脑中桥一带均有出露,主要为河流相和冰海沉积。

1) 莲沱组($Nh_1 l$)

莲沱组形成于新元古代晋宁运动之后的古侵蚀面上,位于基底岩石地层与南沱组之间,为一套含凝灰质成分较多的粗碎屑岩组,厚130～225m。凝灰岩定年结果为763±10 Ma(景先庆等,2018)。该地层的命名剖面位于湖北省宜昌市莲沱镇。

莲沱组的底部含细砾岩或含砾砂岩(底砾岩);中—下部为紫红色、灰绿色粗—中粗长石石英砂岩及长石砂岩;上部为紫红色、灰白色晶屑、玻屑凝灰岩、凝灰质砂岩及岩屑砂岩。该组为一套以河流相为主的陆相沉积岩,交错层理发育,厚度50～260m,产微古植物。

本组角度不整合于黄陵花岗岩岩基或崆岭群之上。

2) 南沱组($Nh_2 n$)

本组以灰绿色冰碛岩(又称冰川混积岩)的出现为标志,命名剖面位于湖北省宜昌市三斗坪镇南沱一带长江沿岸。

底部为透镜状黄绿色、灰绿色纹层状冰碛砾岩,基质为粉砂岩、细砂岩。砾石成分主要为砂岩,大小多在2cm以下,含量约10%,厚63～130m。

下部为灰绿色冰碛砾粉砂质泥岩,总体呈灰绿色,少数为紫红色。砾石成分为粉砂岩、细砂岩、粗砂岩及花岗岩等。砾石大小不一,分选性差,直径7～18cm,有的砾石表面有擦痕或凹坑。基质为细砂岩、粉砂岩、粉砂质泥岩等。由下至上粒度逐渐变细。

中下部为灰绿色块状冰碛砾岩,砾石成分为粉砂岩、细砂岩、粗砂岩、花岗岩。砾石大小不一,直径1～20cm,分选性差。基质为细砂岩、粉砂岩,间夹含冰碛砾砂泥岩,偶夹7～25cm薄层粉砂质泥岩。

中上部冰碛砾岩中夹黄绿色、灰绿色透镜状冰碛砾岩,并与含冰碛砾砂岩组成基本层序。其中透镜状冰碛砾岩直径1～2.5m不等。上部为灰绿色、紫红色含冰碛砾粉砂岩、含冰碛砾粉砂质泥岩。其中砾石大小混杂,分选性差,部分冰碛砾石磨圆较好;砾石成分以花岗岩、长英质片麻岩及石英岩为主,偶见白云岩砾石。

本组与下伏的莲沱组($Nh_1 l$)呈平行不整合接触关系。

2. 震旦系(Z)

震旦系在黄陵穹隆基底周缘普遍出露,主要分布于雾河、黄牛岩、莲沱、三斗坪等地,主要为碳酸盐岩沉积环境,由下而上划分为陡山沱组、灯影组,其中灯影组白马沱段中部含部分埃迪卡拉动物群分子,故白马沱段为跨系(震旦系/寒武系)岩性地层单位。

1)陡山沱组(Z_1d)

陡山沱组是由李四光等(1924)创建的陡山沱岩系演变而来,命名地点在宜昌市陡山沱。刘鸿允等(1963)改称陡山沱组。此后,一直为大家沿用。陡山沱组整合于灯影组之下,平行不整合覆于南沱组之上,厚173.64~276.5m,系南沱冰期后的海侵沉积,也是南沱冰期后首次形成的以碳酸盐岩发育为特色的稳定地台型沉积。

本组与下伏南沱组(Nh_2n)呈平行不整合接触关系。依据岩石组合特点,大致可划分为4个岩性段。

(1)陡山沱组一段(Z_1d^1)。以灰白色、浅灰色中—厚层灰质白云岩,含砾灰质白云岩的出现为标志,厚3.28~16.7m。下部为灰白色、浅灰色中—厚层灰质白云岩,含砾灰质白云岩(角砾成分复杂,有冰碛砾岩、花岗质岩石、石英岩等),皮壳构造发育。中部为灰色、浅灰色中—薄层泥晶灰质白云岩,水平层理发育;上部主要为浅灰色—灰白色中层状白云质灰岩,间夹2~4cm燧石条带或透镜体,局部海绿石富集,为潮下带低能环境。

(2)陡山沱组二段(Z_1d^2)。以深灰色—灰黑色中薄层含泥质、碳质白云岩与黑色、深褐色薄—极薄层含碳质泥岩(碳质页岩)的出现为标志,厚75.57~235.4m。下部岩性为灰色、深灰色—灰黑色中薄层含泥质、碳质白云岩与黑色、深褐色薄—极薄层含碳质泥岩(碳质页岩)互层组成的基本层序。在碳质泥岩中含大型具刺疑源类、动物胚胎化石和宏观藻类化石。中部白云岩单层变薄,黑色碳质泥岩层增厚,常含硅磷质结核,偶见黄铁矿结核。中上部碳质泥岩层段增厚,并含较多硅磷质结核和团块。上部灰白色中层状白云岩明显增厚,而碳质泥岩变薄,并夹薄层燧石条带(3~9cm)、团块(3cm×7cm~5cm×8cm)。水平层理发育,为潮下带低能环境。

(3)陡山沱组三段(Z_1d^3)。以灰白色厚层砾屑、砂屑白云岩夹中层状细晶白云岩,间夹薄层状、透镜状硅质条带的出现为标志,厚35.84~64.73m。下部岩性为灰白色厚层砾屑、砂屑白云岩夹中层状细晶白云岩,间夹薄层状、透镜状硅质条带及少量含泥质白云岩。局部层段可见薄—中层状塌积岩或潮坪相砾屑白云岩。上部岩性为灰白色薄层状含灰质白云岩、白云质灰岩,间夹灰白色—灰黄色极薄—薄层状含云质泥岩、粉砂质泥岩。发育水平层理、沙纹层理、粒序层理等。局部层段见薄—中层状塌积岩,为潮下带上部高能、下部低能环境。

(4)陡山沱组四段(Z_1d^4)。以黑色碳质页岩、硅质页岩、粉砂质页岩的出现为标志。岩性为黑色碳质页岩、硅质页岩、粉砂质页岩,夹硅质岩、白云岩透镜体,透镜体大小不等(30~100cm者居多),顺层分布。由下而上黑色碳质页岩中白云岩、硅质泥岩透镜体、水平层理发育,属盆地相沉积。本组含庙河生物群和宏观藻类。

2)灯影组(Z_2dy)

灯影组由李四光等(1924)创建的灯影石灰岩演变而来,创名地点在宜昌市西北20km长江南岸石牌村至南沱村的灯影峡,厚264.03~866m。刘鸿允等(1963)将灯影石灰岩称灯影组。依据赵自强等(1985)灯影组四分划分方案,自下而上为蛤蟆井段、石板滩段、白马沱段。

本组与下伏陡山沱组(Z_1d)呈整合接触关系。

(1)蛤蟆井段(Z_2dy^h)。以灰白色薄层状—中层状微晶—细晶白云岩的出现为标志,厚2.87~261.01m。下部岩性为灰白色薄层—中层状微晶—细晶白云岩(横向变化见及灰白色厚层状白云岩间夹中—薄层白云岩）。由下而上灰色—深灰色中层状与薄层白云岩不等厚互层，并发育灰白色极薄层泥质白云岩条带、水平层理等构造。上部岩性为灰白色中层—薄层状白云岩夹薄层泥质白云岩，发育帐篷构造。顶部岩性为浅灰色中厚层状白云岩，透镜状、眼球状燧石结核（3～4cm，4～8cm）较为发育，顺层分布。本段含疑源类，为潮坪相沉积。横向变化较大，在牛坪、晓峰河一带该段中部发育一套灰白色厚层状夹中层状含豆粒、砂屑、鲕粒等浅滩相沉积。

(2) 石板滩段（Z_2dy^s）。以黑灰色薄层云质灰岩、灰质白云岩、硅质条带灰质白云岩的出现为标志，厚50.29～207m。岩性为灰色—灰黑色薄层夹中层状灰岩与深灰色—黑灰色泥质灰岩、白云质灰岩不等厚互层，间夹薄层亮晶灰岩、极薄层泥质白云岩条带。局部层段夹燧石结核、硅磷质结核、白云岩结核等，偶夹岩溶角砾岩。中下部及上部分别发育塌积岩、滑动构造变形层。本段含大型藻类、海腮类、含微古植物等。中上部可见2～3层灰白色中层状白云岩，层面见及管状动物化石，为台地前缘斜坡环境。

(3) 白马沱段（Z_2dy^b）。以浅灰色、灰白色薄层状白云岩大量出现为标志，厚75.67～469m。下部岩性为灰色—灰白色厚—中厚层状细晶白云岩、灰质白云岩、含砾白云岩、硅质白云岩夹白云质灰岩，偶夹燧石团块、燧石结核。中下部岩性为灰白色—灰黄色中层状中细晶白云岩，夹薄—极薄层硅质细晶白云岩、硅质岩等，含少量燧石结核和燧石层。中上部为粉红色—灰白色中厚层含砂屑白云岩，可见少量燧石结核和燧石层，并发育板状斜层理、鸟眼构造。上部主要为灰白色厚层块状白云岩，间夹薄层—中层状泥晶白云岩，局部层段发育硅质条带和燧石团块、燧石结核及白云岩结核。本段含少许疑源类化石，总体为潮坪环境，在黄陵背斜南部实习区内自东向西厚度变薄，且以薄层夹厚层白云岩为主。

(三) 下古生界

黄陵穹隆核部周缘地区以及秭归地区下古生界分布较广，岩家河、高家岭、王家湾、纱帽山一带均有出露。

1. 寒武系

本区寒武系分布较广，出露齐全，主要呈北东向分布于黄陵背斜南东翼的岩家河、高家岭、黄山洞、王家坪一带。自下而上划分为岩家河组（天柱山段）、水井沱组、石牌组、天河板组、石龙洞组、覃家庙组、娄山关组。

1) 岩家河组（$\in_1 y$）

岩家河组创名地点为湖北宜昌三斗坪岩家河，主要分布于雾河岩家河、泗溪等处。下部为灰色泥质白云岩、白云岩与土黄色灰质泥岩互层，夹灰黑色4～10cm厚的硅质条带，其中白云岩中含有小壳动物化石。上部为中厚—薄层状深灰色灰岩、碳质灰岩夹碳质页岩，其中薄层状碳质灰岩中含有直径5～8cm的磷硅质结核，顶部为浅灰色中厚层状含燧石结核灰岩，其上为5～10cm土黄色黏土层。本组厚约56m，产小壳化石。

本组与下伏灯影组（Z_2dy）呈整合接触关系。

2)水井沱组($\in_2 s$)

水井沱组创名地点为湖北宜昌水井沱,以黑色、黑灰色薄层含碳质、粉砂质泥岩出现为底界标志,厚52.75～160.78m。下部为黑色薄—极薄层碳质页岩、粉砂质页岩,夹硅质白云岩、白云岩、白云质灰岩透镜体;中部为黑灰色、灰黄色碳质页岩、粉砂质页岩,夹薄—中厚层灰岩;上部为黑色、灰黑色薄—中层状灰岩,夹薄层状泥灰岩、钙质页岩;顶部为浅灰色、深灰色薄层含磷结核白云质灰岩、灰质白云岩,水平层理发育。本组产三叶虫。

本组与下伏岩家河组($\in_1 y$)呈平行不整合接触关系。

3)石牌组($\in_2 sh$)

石牌组创名地点为湖北宜昌西偏北约15km的石牌溪,以黄绿色薄层及极薄层粉砂质泥岩、粉砂岩夹少量钙质细砂岩出现为标志,厚158.46～294.9m。下部为黄绿色薄层及极薄层粉砂质泥岩、粉砂岩,夹少量钙质细砂岩及薄层鲕粒灰岩;中部为灰色薄—中厚层状角砾状、团块状灰岩夹泥质条带灰岩等;上部为紫灰色、灰绿色中厚层状粉砂质页岩、含灰质团块粉砂质泥岩;顶部夹透镜状灰岩或鲕状灰岩条带。粉砂质页岩中产三叶虫。

本组与下伏水井沱组($\in_2 s$)呈整合接触关系。

4)天河板组($\in_2 t$)

天河板组创名地点为湖北宜昌天河板,以浅灰色薄层含泥质条带灰岩的出现为标志,厚88～104.47m。底部为浅灰色薄层含泥质条带灰岩,夹灰色薄层鲕粒灰岩及薄层状白云质灰岩;下部为深灰色薄—中层状泥质条带灰岩,偶夹砂砾屑泥晶灰岩;中部为深灰色薄—中层泥质条带状灰岩,局部层段为核形石灰岩、鲕粒灰岩,产古杯及三叶虫化石,发育水平层理、小型槽状斜层理;上部为深灰色薄—中层状泥质条带灰岩,局部泥质条带中粉砂质含量较高。向上白云质成分增加,钙质成分减少。产古杯类及三叶虫。

本组与下伏石牌组($\in_2 sh$)呈整合接触关系。

5)石龙洞组($\in_2 sl$)

石龙洞组创名地点为湖北宜昌长江南岸石龙洞附近,以灰白色中厚层夹薄层中—细晶残余砂屑白云岩的出现为标志,厚36.23～86.3m。下部为灰白色中厚层夹薄层中细晶白云岩、厚层状夹中层状白云岩,偶见遗迹化石;中部为厚层块状细晶白云岩夹中层状白云岩,发育"雪花"状构造、古喀斯特角砾岩;上部岩性为灰白色厚层块状白云岩夹中层状、砾屑白云岩。本组产三叶虫。

本组与下伏天河板组($\in_2 t$)呈整合接触关系。

6)覃家庙组($\in_3 q$)

覃家庙组创名地点为湖北宜昌覃家庙打磨山,以薄层白云岩和泥质白云岩为主,夹中—厚层状白云岩及少量页岩、石英砂岩,岩层中常有波痕、干裂构造,并有石盐和石膏假晶,属于浅海相。

本组与下伏石龙洞组($\in_2 sl$)呈整合接触关系,按岩性特征可以分为3段。

(1)覃家庙组一段($\in_3 q^1$)。以深灰色中—薄层状含砾屑、砂屑、鲕粒白云岩、灰色—灰黄色极薄层泥质白云岩的出现为标志,厚26.03～85.36m。底部为灰白色薄层含砾鲕状白云岩,间夹薄层泥质白云岩;下部为灰白色中厚层白云岩夹薄层泥质粉晶白云岩,局部层段夹极薄层钙质泥岩、粉砂质泥岩；上部为灰白色薄—极薄层泥晶白云岩偶夹中层状泥质白云岩，发育波痕构造，微波状层理发育，为潮坪沉积。本段产三叶虫。

(2)覃家庙组二段（$\epsilon_3 q^2$）。以灰色—灰白色中层状泥晶白云岩，含燧石结核、燧石条带的出现为标志，厚170.30～190.07m。底部为灰色—灰白色中层状泥晶白云岩，含燧石结核、燧石条带，夹薄层泥晶白云岩；下部为中层状泥晶白云岩，向上变为灰黄色极薄层白云质泥岩，夹薄—极薄层灰色—灰白色泥质白云岩，局部层段发育少量岩溶角砾岩，向上白云质泥岩层见褶曲构造；中部之底发育一套5～6m厚的岩溶角砾岩，向上为薄层泥质白云岩与含云质泥岩互层，水平层理发育，中上部为一套灰色—深灰色薄层鲕状灰岩，含钙质泥质条带灰岩偶夹中层状泥质条带灰岩，产三叶虫，局部层段见黄绿色薄—极薄层粉砂质泥岩；上部岩性为灰色—灰白色厚层状泥晶—粉晶白云岩夹中层状泥晶—粉晶白云岩，或呈不等厚互层状由下而上叠置。

(3)覃家庙组三段（$\epsilon_3 q^3$）。以灰黄色薄层粉晶—泥晶白云岩与粉晶白云岩的出现为标志，厚54.48～57.62m。下部浅灰白色薄层与极薄层白云岩不等厚互层，向上钙质白云岩与泥质白云岩不等厚互层，灰黄色厚—薄层状长石石英砂岩、陆源砂屑白云岩呈透镜状分布，偶夹中层状含砂屑灰质白云岩，水平层理发育，偶见波痕构造；中部灰白色薄层灰质白云岩夹中层状含砂屑灰质白云岩，间夹极薄层白云质泥岩，或不等厚互层状，偶夹中—厚层灰白色白云质灰岩、含钙质白云岩，由下而上叠置。局部层段夹岩溶角砾岩；上部灰白色中层状泥晶白云岩与薄层泥质白云岩互层，偶夹浅灰色厚层状泥晶—粉晶白云岩，间夹含云质泥岩，偶夹燧石结核。

7)娄山关组（$\epsilon_3 O_1 l$）

娄山关组创名地点为贵州金沙岩孔，为浅灰色厚层状白云岩，岩石新鲜面呈浅灰色，细晶结构，厚层状构造，主要成分为细晶白云石，含量约90%。娄山关组具有穿时性，上部是奥陶系，下部为寒武系。

本组与下伏覃家庙组（$\epsilon_3 q^3$）呈整合接触关系。

2. 奥陶系

奥陶系呈环带状广泛出露于黄陵背斜东翼，主要分布于黄花场、分乡和王家湾等地。自下而上划分为南津关组、分乡组、红花园组、大湾组、牯牛潭组、庙坡组、宝塔组、五峰组。其中大部分地层将在长阳和西陵峡路线中观察到。

1)南津关组（$O_1 n$）

南津关组原称南津关石灰岩，为早奥陶世新厂期早期地层，最初命名地点在湖北宜昌南津关。层型剖面上为灰色厚层石灰岩及薄层泥质石灰岩、白云质灰岩，底部含钙质页岩或黄绿色页岩。

本组与下伏娄山关组（$\epsilon_3 O_1 l$）呈整合接触关系。区内南津关组（$O_1 n$）可划分为4段，厚80.94～151.50m。

(1)南津关组一段（$O_1 n^1$）。以灰色、浅灰色中层状（30cm）砾屑灰岩或黄绿色页片状泥岩的出现为底界，顶底均具冲刷面特征，以灰色亮晶生物碎屑灰岩和含鲕砂、粒屑、生屑灰岩夹泥晶—粉晶灰岩为主，以产笔石、牙形石、腕足类及三叶虫、腹足类化石碎片等为特点，厚14～31m。本段产三叶虫、笔石、腕足类、牙形石、头足类、介形虫。

(2) 南津关组二段(O_1n^2)。以浅灰色—灰白色厚层微晶—细晶白云岩的出现为标志，厚38.44～31.50m。岩性为浅灰色—灰白色厚层微晶—细晶白云岩，夹中层状白云岩、厚层含砾砂屑、粒屑粉晶—细晶白云岩，发育鸟眼构造，产三叶虫、牙形石。

(3) 南津关组三段(O_1n^3)。以浅灰色—深灰色中层状含砂屑泥晶—微晶灰岩的出现为标志，38～42cm。岩性为浅灰色—深灰色中层状（38～42cm）泥晶—微晶灰岩，偶夹燧石结核与条带灰岩。

(4) 南津关组四段(O_1n^4)。以浅灰色—灰色厚层状泥晶灰岩、含砾砂屑灰岩的出现为标志，厚14.9～20.26m。浅灰色—灰色厚层状泥晶灰岩、灰色中层状泥晶灰岩、含生物碎屑泥晶灰岩偶夹含砾砂屑灰岩及黑色燧石条带、燧石结核、灰色—灰白色中层状粉晶灰岩、含鲕粒砂屑粉晶灰岩。

2) 分乡组(O_1f)

分乡组创名地点为湖北宜昌分乡场。下部为黄绿色极薄层粉砂质泥岩夹浅灰生屑碎屑灰岩不等厚互层，间夹极薄—薄层灰岩，灰岩中偶见大小2cm×3cm的燧石结核，页理、水平层理发育，厚43.18～53.30m；上部为黄绿色极薄层含粉砂质泥岩，夹薄层砂屑鲕粒灰岩，生物碎屑主要以腕足类为主，浅灰色—灰中层夹薄层7～9cm厚含鲕粒亮晶砂屑灰岩，浅灰色—灰色薄层泥晶灰岩间夹中层状砂屑亮晶含砂屑灰岩。

本组与下伏南津关组(O_1n)呈整合接触关系。

3) 红花园组(O_1h)

红花园组创名地点为贵州桐梓县南红花园。红花园组也可分为上、下两部分，厚13.78～27.25m。下部为深灰色中层夹厚—厚层块状砂屑生屑亮晶灰岩、黄绿色薄层泥岩，或砂屑生屑亮晶灰岩与黄绿色薄层泥岩呈不等厚互层状叠置。局部层段为小点礁灰岩，造礁生物为古杯和瓶筐虫化石等；上部为深灰色厚层夹中层含砾砂屑生屑亮晶灰岩，浅灰色中层夹薄层含砾砂屑生屑亮晶灰岩，浅灰中层状含燧石结核砂屑微晶—粉晶灰岩，其中砂屑由泥晶灰岩组成。

本组与下伏分乡组(O_1f)呈整合接触关系。

4) 大湾组($O_{1-2}d$)

大湾组位于湖北宜昌分乡场大湾附近，化石极为丰富，4.72亿年的大平阶金钉子就在该层位。

本组与下伏红花园组(O_1h)呈整合接触关系。根据岩性特征等可划分为3段，总厚44.11～56.92m。

(1) 大湾组一段($O_{1-2}d^1$)。下部为浅灰色薄层生屑泥晶灰岩、瘤状灰岩层间夹极薄层土黄色泥岩条带，浅灰色中层状生屑泥晶灰岩夹薄层状瘤状灰岩呈不等厚互层；中部为薄—中层黄灰色、灰黄色粉晶含泥质灰岩夹极薄层泥岩，灰岩中见海绿石星点状，偶见腹足类、腕足类化石碎片；上部为浅灰色薄层夹瘤状灰岩结核。厚12～16m。

(2) 大湾组二段($O_{1-2}d^2$)。下部为黄灰色中层、薄层泥晶—粉晶灰岩夹紫红色不规则状泥晶灰岩与薄层瘤状灰岩,不等厚互层状向上叠置;上部为浅灰色薄层泥晶—粉晶灰岩夹瘤状灰岩,偶夹浅紫灰色粉晶灰岩,产大量头足类、腕足类化石等。厚11～19m。

(3)大湾组三段($O_{1-2}d^3$)。岩性为黄绿色极薄层页岩夹浅灰薄层泥晶—粉晶灰岩,产头足类和腕足类化石。厚12～28m。

5)牯牛潭组(O_2g)

牯牛潭组创名地点为湖北宜昌分乡牯牛潭。岩性为黄绿色—灰色中层状泥晶—微晶灰岩,夹薄层微晶—粉晶灰岩,间夹紫红色、浅紫红色极薄层粉砂质泥岩,产腕足类及头足类化石,水平层理发育。厚11.89～21.05m。

本组与下伏大湾组($O_{1-2}d$)呈整合接触关系。

6)庙坡组($O_{2-3}m$)

庙坡组创名地点为湖北宜昌分乡庙坡。底部为黄绿色极薄层页岩,向上灰色—深灰色中层状泥晶灰岩与黑色、深灰色泥晶灰岩不等厚互层;中部黑色薄层页岩与黄绿色页岩、含粉砂质泥岩呈不等厚互层,夹泥晶灰岩透镜体;顶部为黄绿色极薄层页岩、含粉砂质泥岩,产丰富的三叶虫、腕足类化石。厚1.98～3.63m。

本组与下伏牯牛潭组(O_2g)呈整合接触关系。

7)宝塔组(O_3b)

宝塔组创名地点为湖北宜昌乡镇北普溪河桥南端。岩性灰色中厚层紫红色或黄色白云质灰岩、瘤状灰岩(网状泥灰岩),地层中震旦角石可作观赏收藏。厚7.96～21.46m。

本组与下伏庙坡组($O_{2-3}m$)呈整合接触关系。

8)五峰组(O_3w)

五峰组创名地点为湖北五峰东约60km的渔洋关。底部为灰黑色—灰黄色极薄层硅质泥岩,水平纹层发育,产笔石,偶见腕足类化石;中部黑色薄层硅质岩与硅质泥岩不等厚互层,褶曲发育,硅质岩中水平纹层发育;上部为观音桥段,三叶虫及腕足类十分丰富,其中赫南特贝是4.54亿年赫南特阶金钉子的标准化石。厚3.77～5.99m。

本组与下伏宝塔组(O_3b)呈整合接触关系。

3.志留系

志留系广泛分布于黄陵背斜东翼的黄花场、纱帽山等地。自下而上划分为龙马溪组、新滩组、罗惹坪组、纱帽组。罗惹坪组划分为2段,纱帽组划分为4段。

1)龙马溪组(S_1l)

龙马溪组创名地点为湖北秭归新滩龙马溪。底部以产笔石的黑色页岩出现为标志,厚54.9～77.4m。下部为灰黑色极薄层粉砂质泥岩间夹极薄层硅质泥岩,水平层理发育,产大量聚集式保存的笔石化石;上部为灰黑色极薄层泥岩与黄绿色极薄层泥岩不等厚互层,或呈韵律状叠置,偶夹2～5cm厚土黄色钙质泥岩。

本组与下伏五峰组(O_3w)呈整合接触关系。

2)新滩组(S_1x)

新滩组创名地点为湖北秭归新滩龙马溪。底界以黄绿色薄层含泥质粉砂岩、细粉砂岩的出现为标志,厚571m。下部为灰色、黄绿色薄层粉砂岩,产腕足类及笔石,黄色、黄绿色泥岩产笔石和腕足类碎片;上部为黄绿色薄层粉砂质泥岩、泥质粉砂岩,不等厚互层,产腕足类、三叶虫、笔石等。岩石以泥状结构、粉砂结构为主,层状构造发育,沙纹层理、水平层理发育。

本组与下伏龙马溪组(S_1l)呈整合接触关系。

3)罗惹坪组(S_1lr)

罗惹坪组创名地点为湖北宜昌罗惹坪(现名大中坝),主要岩性特征是由一套黄绿色、灰绿色薄层含钙质粉砂质泥岩、泥岩夹含生屑瘤状灰岩、青灰色薄层、中层状生屑灰岩所组成,并以产丰富的珊瑚、腕足类、三叶虫、牙形石等为特征。

本组与下伏新滩组(S_1x)呈整合接触关系。依据岩性可划分为两段,厚175.29m。

(1)罗惹坪组一段(S_1lr^1)。以灰绿色薄—极薄层含粉砂质泥岩,夹薄层或瘤状泥灰岩的出现为底界标志,厚82～123.64 m。下部为灰绿色薄—极薄层含粉砂质泥岩夹薄层或瘤状泥灰岩,水平层理发育,岩石以泥状结构为主,层状构造发育,产笔石、腕足类、珊瑚及三叶虫碎片。中部为黄绿色薄层粉砂质泥岩、页岩夹薄层或瘤状生物石灰岩及泥灰岩。泥岩中水平层理和层状构造发育,灰岩均为含生屑亮晶灰岩,产腕足类、珊瑚、三叶虫、珊瑚及牙形石。上部为灰绿色风化呈黄色薄—极薄层含钙质粉砂质泥岩夹少许结核状、瘤状或断续状生屑灰岩、含生屑泥灰岩、钙质泥岩,或黄绿色、灰绿色薄层含粉砂质泥岩与中层状、瘤状泥灰岩不等厚互层。岩石中水平层理发育,泥岩泥状、粉砂状结构发育,下部产腕足类、三叶虫;中部产腕足类和三叶虫等。

(2)罗惹坪组二段(S_1lr^2)。以青灰色薄—中层状生物灰岩、介壳灰岩(下五房贝层)的出现为底界标志,称之为下五房贝层,厚35.39～51.65m。下部为青灰色薄—中层状生物灰岩、介壳灰岩,产大量腕足类及牙形石。中部黄绿色薄层粉砂质泥岩、泥质粉砂岩夹土黄色、黄绿色薄—中层状钙质粉砂岩、细砂岩,偶夹薄层瘤状灰岩、泥质灰岩,呈不等厚互层状向上叠置,产腕足类、珊瑚。上部可称之为上五房贝层,为灰色薄—中层生物碎屑石灰岩、介壳灰岩夹少许黄绿色薄层页岩,产大量腕足类、三叶虫类。

4)纱帽组(S_1s)

纱帽组创名地点为湖北宜昌罗惹坪以北的纱帽山,以灰色、黄绿色薄层泥岩、含粉砂质泥岩的出现为纱帽组一段底界标志,厚644.72m。

本组与下伏罗惹坪组(S_1lr)呈整合接触关系。总体为一套细砂岩夹粉砂质泥岩相间构成的地层,自下而上划分为4段。

(1)纱帽组一段(S_1s^1)。以灰色、黄绿色薄层泥岩、含粉砂质泥岩的出现为底界标志,厚51.12～51.62m。下部为黄绿色含粉砂质薄—极薄层泥岩与灰色薄层粉砂质泥岩互层,水平层理发育,灰色泥岩风化呈叶片状。黄绿色页岩夹少许泥质粉砂岩,水平层理发育。产大量笔石等。上部为黄绿色薄层泥岩、粉砂质泥岩及少许薄层泥质粉砂岩,水平层理发育。本段产笔石、三叶虫。

(2)纱帽组二段(S_1s^2)。以黄绿色薄层含泥质粉砂岩、细粉砂岩间夹紫褐色薄层钙质砂岩的出现为底界标志,厚125.8m。下部为黄绿色薄层粉砂质泥岩与薄层泥质粉砂岩呈不等厚互层或非韵律性向上叠置,岩石中粉砂泥状、泥状结构发育,层状构造发育。产腕足类、三叶虫。中部为黄绿色极薄层含少量粉砂质页岩、页岩，易风化呈页片状，薄层细砂岩中波痕构造发育，以细砂结构为主，层状构造发育，产腕足类、笔石及三叶虫。上部为灰绿色薄层含粉砂质泥岩页岩、粉砂质泥岩与灰绿色薄层粉砂岩互层或不等厚互层，发育水平层理、沙纹层理等，产腕足类、笔石等。

(3)纱帽组三段(S_1s^3)。以黄褐色、灰紫色中层状钙质砂岩的消失、黄绿色极薄层泥岩的出现为底界标志，厚282m。下部为黄绿色极薄层泥岩，极易风化呈页片状、萝卜丝状，发育水平层理、沙纹层理，产三叶虫、腕足类及笔石等。中部为灰绿色、风化呈褐紫色薄层粉砂岩夹中层状细砂岩，层间见及灰绿色薄层粉砂质泥岩，水平层理及小型沙纹层理发育，产腕足类、三叶虫、双壳类和翼足类。上部为黄绿色极薄层泥岩、含粉砂质泥岩，风化呈叶片状。产三叶虫、腕足类、双壳类、古介形虫和翼足类化石。

(4)纱帽组四段(S_1s^4)。以灰绿色、灰白色中层夹厚层细粒岩屑石英砂岩的出现为底界标志，厚185.3m。下部为灰褐色、青灰色薄层状粉砂岩、泥质粉砂岩，夹薄—中层状中粒砂岩、细砂岩；中部为灰黄色—灰褐色、紫红色中层状夹薄层细砂岩；上部以灰褐色、灰黄色，局部层段夹紫红色薄层状粉砂岩、石英细砂岩为主，间夹黄褐色薄层含泥质粉砂岩、粉砂质泥岩。

(四)上古生界—中生界

黄陵背斜及秭归地区的上古生界出露地层时代主要为中、上泥盆统，上石炭统和中二叠统，中生界三叠系—白垩系主要分布于黄陵背斜东西两侧中新生代秭归盆地、当阳盆地。

1. 泥盆系

本区泥盆系呈南北向条带状与石炭系相伴产出，仅出露中、上泥盆统，缺失下泥盆统，自下而上划分为云台观组、黄家磴组、写经寺组。

1)云台观组(D_2y)

云台观组创名地点为湖北钟祥云台观小天池，见于链子崖教学路线，因具有漂亮的沉积构造，被用作观赏石，冠名"三峡石"。岩性为灰白色中至厚层或块状细粒石英岩状砂岩、长石石英砂岩，夹紫红色薄层泥质粉砂岩、粉砂质泥岩，单层厚度大于2m。厚56.34~85.94m。

本组与下伏志留纪纱帽组(S_1s)呈平行不整合接触关系。

2)黄家磴组(D_3h)

黄家磴组创名地点为湖北长阳马鞍山黄家磴组剖面。底部以浅灰色中层状石英细砂岩夹薄层状泥质粉砂岩、粉砂质泥岩的出现为标志，厚12.78~14.98m。下部为灰黄色—浅灰色中—薄层状石英细砂岩与灰绿色—灰黑色粉砂质泥岩、泥岩不等厚互层。顶部为鲕状赤铁矿层，区域上分布稳定。

本组与下伏云台观组(D_2y)呈整合接触关系。

3)写经寺组(D_3C_1x)

写经寺组创名地点为湖北宜都写经寺。岩性为浅灰色极薄层钙质泥岩、泥灰岩夹极薄—中层状含砾生物屑灰岩，水平层理发育，厚1.84~5.16m。本组底部产珊瑚化石、腕足类。

本组与下伏黄家磴组(D_3h)呈整合接触关系。

2. 石炭系

石炭系呈条带状与泥盆系相伴产出,仅出露上石炭统部分地层,缺失下石炭统和上石炭统晚期沉积,自下而上划分为大埔组、黄龙组。

1)大埔组(C_2d)

大埔组创名地点为广西柳城县城(大埔镇)附近,为浅灰色—灰白色厚层或块状白云岩、白云质灰岩,岩性组合在鄂西地区较为稳定,厚 5.10m。底部偶见含砾砂岩(如长阳马鞍山),局部地段(如秭归新滩)见底部为角砾岩,并含团块状燧石,为局限台地相沉积。

本组与下伏写经寺组(D_3C_1x)呈整合接触关系。

2)黄龙组(C_2h)

黄龙组最初命名地点在江苏镇江石马庙。因本组石灰岩构成了江苏南京龙潭镇以西的黄龙山主体,故得名黄龙组。该组为一套灰白色厚层块状粗晶灰岩,较稳定,是识别黄龙组的良好标志层,但实习区基本不出露,厚 11.40m。

本组与下伏大埔组(C_2d)呈整合接触关系。

3. 二叠系

二叠系呈南北向条带状分布,自下而上划分为梁山组、栖霞组、茅口组、吴家坪组,其上被白垩纪地层覆盖。

1)梁山组(P_2l)

梁山组创名地点为陕西南郑县梁山中梁寺。岩性为深灰色中—薄层状细粒石英砂岩、薄层状粉砂质泥岩、含粉砂质泥岩及煤线,厚 1.60~4.20m。产植物化石,上部产腕足类。

本组与下伏石炭系黄龙组(C_2h)呈平行不整合接触关系。

2)栖霞组(P_2q)

栖霞组创名地点为江苏南京东郊约 20km 的栖霞山。岩性为深灰色中—厚层状含或不含燧石结核、条带的生物屑微晶灰岩-微晶生物屑灰岩,厚 110.16m。生物化石丰富,但以底栖类生物为主,主要有䗴类、珊瑚、腕足类。本组见于链子崖路线,因含大量生物,敲击后有臭味,又称为栖霞臭灰岩。因颜色深与上覆的茅口组被称为"黑栖霞、白茅口"。

本组与下伏梁山组(P_2l)呈整合接触关系。

3)茅口组(P_2m)

茅口组创名地点为贵州六枝特区郎岱镇附近的茅口河两岸。以深灰色—灰黑色厚层块状含少量燧石结核的生物屑泥晶灰岩为主,灰岩中常见瘤状构造,局部块状灰岩中可见暴露成因的方解石脉。本组厚 88.86m,产䗴类、珊瑚、腕足类。

本组与下伏栖霞组(P_2q)呈整合接触关系。

4)吴家坪组(P_3w)

吴家坪组创名地点为陕西南郑县城西偏北 12km 的吴家坪。岩性为灰色—深灰色厚层块状生物屑灰岩,夹少量中层状生屑灰岩和灰色—灰白色薄层硅质岩。硅质岩中水平层理发育。厚度大于 161.73m。产蜓类。

本组与下伏茅口组(P_2m)呈平行不整合接触(东吴运动)。

4. 三叠系

三叠系广泛分布于秭归新滩、两河口、兴山大峡口、巴东、长阳、五峰和当阳等地。本区三叠系发育齐全,且以海相碳酸盐岩沉积为主。根据岩石组合特征、层序关系及古生物化石资料,自下而上划分为大冶组、嘉陵江组、巴东组、沙镇溪组。

1) 大冶组(T_1d)

大冶组由谢家荣(1924)创建的"大冶石灰岩"演变而来,创名地点在湖北大冶市北铁山附近,与二叠系大隆组相伴出现,整合接触,厚度 300~790m 不等。据岩性组合特征,可划分为 4 个岩性段。

大冶组一段为浅灰色、灰黄色薄至厚层泥晶、微晶灰岩夹灰黑色钙质泥岩,含菊石、双壳类、牙形石、有孔虫化石;二段为灰色中厚层泥晶、微晶灰岩夹纸片状钙质泥岩,含少量牙形石、有孔虫化石,偶见菊石;三段主要为灰色、灰紫色薄层泥晶灰岩、微晶灰岩,缝合线构造发育,化石稀少;四段主要为灰色、淡紫色中—厚层状鲕粒灰岩、含鲕粒灰岩与薄层状微晶灰岩互层,产双壳类化石。

本组与下伏二叠系吴家坪组(P_3w)呈整合接触关系。

2) 嘉陵江组($T_{1-2}j$)

嘉陵江组由赵亚曾和黄汲清(1931)创名的"嘉陵江灰岩"演变而来,创名地点在四川广元县城北的嘉陵江沿岸,与大冶组相伴出露,厚度 300~500m 不等。据岩性组合可划分为 3 个岩性段。

嘉陵江组一段为灰色中—厚层微晶白云岩夹淡紫色薄层状泥晶白云岩;二段为灰色、浅灰色中—薄层泥晶灰岩夹紫灰色微晶白云岩及角砾状灰岩,产远安龙、南漳鳄、江汉蜥等海生爬行动物化石;三段为灰色、灰黄色中—厚层灰质白云岩夹薄层状微晶灰岩及白云质灰岩。本组产双壳类。

本组与下伏大冶组(T_1d)呈整合接触关系。

3) 巴东组(T_2b)

巴东组是由 Richthofen(1921)所创建的"巴东层"(Patung-Schichten)演变而来,创名地点在湖北巴东县长江沿岸,与嘉陵江组相伴出露。根据岩性组合特征可分为 3 个岩性段。

巴东组一段岩性主要为土黄色灰质泥页岩夹灰色透镜状、条带状灰岩;二段为灰绿色粉砂质泥页岩夹薄层状泥灰岩;三段岩性主要为紫红色厚层泥质粉砂岩、粉砂质泥页岩互层,局部夹钙质团块。本组产双壳类。该组是鄂西地区有名的含铜建造,凡有巴东组分布的地方,几乎都可见到铜的矿化,矿物主要为孔雀石、辉铜矿、黄铜矿,以前者为主,唯品位一般不高,局部富集时可形成矿点。

本组与下伏嘉陵江组($T_{1-2}j$)呈整合接触关系。

4) 沙镇溪组(T_3s)

沙镇溪组命名地点为湖北秭归西南。本组主要分布于秭归盆地,为灰黄色长石石英砂岩、薄层砂岩、粉砂岩,夹黑色碳质泥页岩、煤层,厚139～225m不等。在黄陵背斜以东的荆门—当阳盆地中,出露九里岗组和王龙滩组,前者以黄灰色、深灰色粉砂岩、泥岩夹长石石英砂岩为主,后者以长石石英砂岩为主,夹粉砂岩、碳质泥岩。产植物化石、双壳类。

本组与下伏巴东组(T_2b)呈整合接触关系。

5. 侏罗系

侏罗系主要分布于鄂西荆门—当阳盆地、秭归盆地。上、中、下统沉积齐全,剖面连续,植物化石丰富,为一套含煤碎屑岩建造。根据岩石组合特征、层序关系及古生物化石资料,自下而上划分桐竹园组、千佛崖组和沙溪庙组。

1) 桐竹园组(J_1t)

桐竹园组命名地点为湖北当阳桐竹园。本组以黄色、黄绿色、灰黄色砂质页岩与粉砂岩及长石石英砂岩为主,夹碳质页岩及薄煤层或煤线,底部为一套砾岩层。本组厚度为280m。含植物化石和双壳类化石,故本组地质时代为早侏罗世。

本组与下伏沙镇溪组(T_3s)呈整合接触关系。

2) 千佛崖组(J_2q)

千佛崖组命名于四川广元县北,嘉陵江东岸的千佛崖。底部为一层含砾石英砂岩,有时砾石富集成薄层,并为底界标志。下部为紫红色、绿黄色泥岩、粉砂岩、细粒石英砂岩夹介壳灰岩,含极为丰富的双壳类及孢粉化石;上部以紫红色为主,夹黄灰色泥岩、砂质页岩、粉砂岩、长石石英砂岩。厚度为390m。本组含双壳类、植物及孢粉化石,以产双壳类为主。

本组与下伏桐竹园组(J_1t)呈整合接触关系。

3) 沙溪庙组(J_2s)

沙溪庙组命名地点在四川合川县沙溪庙。本组岩性为黄灰色、紫灰色长石石英砂岩与紫红色、紫灰色泥(页)岩不等厚韵律互层,含双壳类介形类、叶肢介、植物及脊椎动物化石,可以"叶肢介页岩"顶界分为两段。厚度为1986m。沙溪庙组化石稀少,在下部和上部含介形虫和孢粉组合。

本组与下伏千佛崖组(J_2q)呈整合接触关系。

6. 白垩系

黄陵背斜周缘中新生代盆地及秭归地区的白垩系分布较广,出露齐全,与下伏地层角度不整合接触。自下而上划分为石门组、五龙组、罗镜滩组、红花套组。

1) 石门组(K_1s)

石门组为浅灰色—紫红色厚层状、巨厚块状巨粗—粗砾岩,由颗粒支撑,砾石成分以灰岩、白云岩为主,以基质钙质胶结的出现为标志。厚125.03～275.35m。

本组与下伏地层呈角度不整合接触关系。

2) 五龙组(K_1w)

本组与下伏石门组(K_1s)呈整合接触关系。依据长江三峡生物地层学白垩系(雷奕振,1987)三分方案,自下而上将该组划分为3段。

(1)五龙组一段(K_1w^1)。五龙组一段以砖红色中—薄层状泥质粉砂岩间夹两层含细砾石英细砂岩的出现为底界标志。厚318.92~535.77m。

(2)五龙组二段(K_1w^2)。以灰白色、浅棕黄色巨厚层状砾岩的出现为标志,主要岩性为紫红色中层夹厚层粗砂岩、砂砾岩透镜体,与灰白色薄层状中粒石英砂岩、少量含碳质粉砂岩不等厚互层状。厚648.79~945m。

(3)五龙组三段(K_1w^3)。以棕红色中—厚层状含砾粗砂岩的出现为标志。厚386~567m。

3)罗镜滩组(K_2l)

罗镜滩组下部为厚层块状砾岩夹砖红色块状含灰绿色极薄粉砂岩条带的泥质粉砂岩;中部为厚层块状砾岩,夹紫红色砂砾岩及含砾砂岩透镜体;上部为紫红色—灰色块状巨砾岩。厚238.6~1 037.6m。

本组与下伏五龙组(K_1w)呈整合接触关系。

4)红花套组(K_2h)

红花套组以砖红色、橘红色泥质粉砂岩的出现为标志,厚350~770m。下部岩性为紫红色块状含泥质粉砂岩;上部以鲜艳的棕红色、橘红色中厚层状泥质细粒石英砂岩、砂砾岩、泥质细砂岩为主体,夹有泥质细砂岩、粉砂岩及泥岩。

本组与下伏罗镜滩组(K_2l)呈整合接触关系。

(五)新生界

本区新生界主要为第四系沉积物,分布较广,但分布面积较少。该地层主要有两种类型:一种为低山丘陵和山间谷地等,形成以残积、坡积和残坡积为主的第四系沉积;另一种主要分布于河流两侧(如长江三斗坪—宜昌宝塔河段)及河流阶地。第四系成因类型主要为冲积、洪冲积、残坡积和滑坡堆积4种,其地质时代为更新世—全新世。

1. 第四系全新统冲积层(Qh^{al})、全新统洪冲积层(Qh^{pal})

第四系全新统冲积层、全新统洪冲积层为浅灰色与灰黄色亚黏土、含砂质亚黏土、亚砂土,其中沿河流分布的亚黏土中常含零星砾石,亚砂土底部常见砂、砾石层。含松、桦、蕨类植物孢粉,反映为暖干—凉干气候。

2. 第四系更新统冲积层(Qp^{pal})

第四系更新统冲积层主要分布于各水系两侧,沉积物为砾石层,其上覆可见河漫滩沉积的粉砂土、亚黏土等,具明显河流冲积相二元结构。

3. 第四系更新统残坡积层(Qp^{edl})

第四系更新统残坡积层主要分布于山谷地带,沉积物为灰色、灰黄色含角砾黏土和亚砂土层,具明显河流冲积相二元结构。

4. 第四系更新统滑坡堆积层(Qp^{col})

第四系更新统滑坡堆积层主要分布于实习区三斗坪一带滑坡、崩塌等地质灾害多发地区,尤以长江三斗坪段和黄柏河沿线较多。沉积物杂乱无分选,多为近源物质堆积。

二、侵入岩

长江三峡黄陵穹隆地区侵入岩无论是活动的时间,还是规模上都以中酸性花岗岩类占主体,岩浆活动主要集中于太古宙、古元古代和新元古代3个时代,是研究华南扬子克拉通前寒武纪岩浆活动、俯冲-造山事件,以及早前寒武纪扬子克拉通地壳演化的最重要窗口。太古宙—古元古代花岗质岩体以东冲河、巴山寺花岗片麻杂岩,晒甲冲花岗质片麻岩,圈椅埫花岗岩为代表,而新元古代黄陵花岗岩岩基则是我国晋宁期花岗岩的典型代表,举世瞩目的三峡大坝就建于新元古代黄陵花岗岩岩基之上。黄陵穹隆地区侵入岩分布详见图2-3,本书只介绍秭归实习区所见到的新元古代黄陵花岗杂岩。

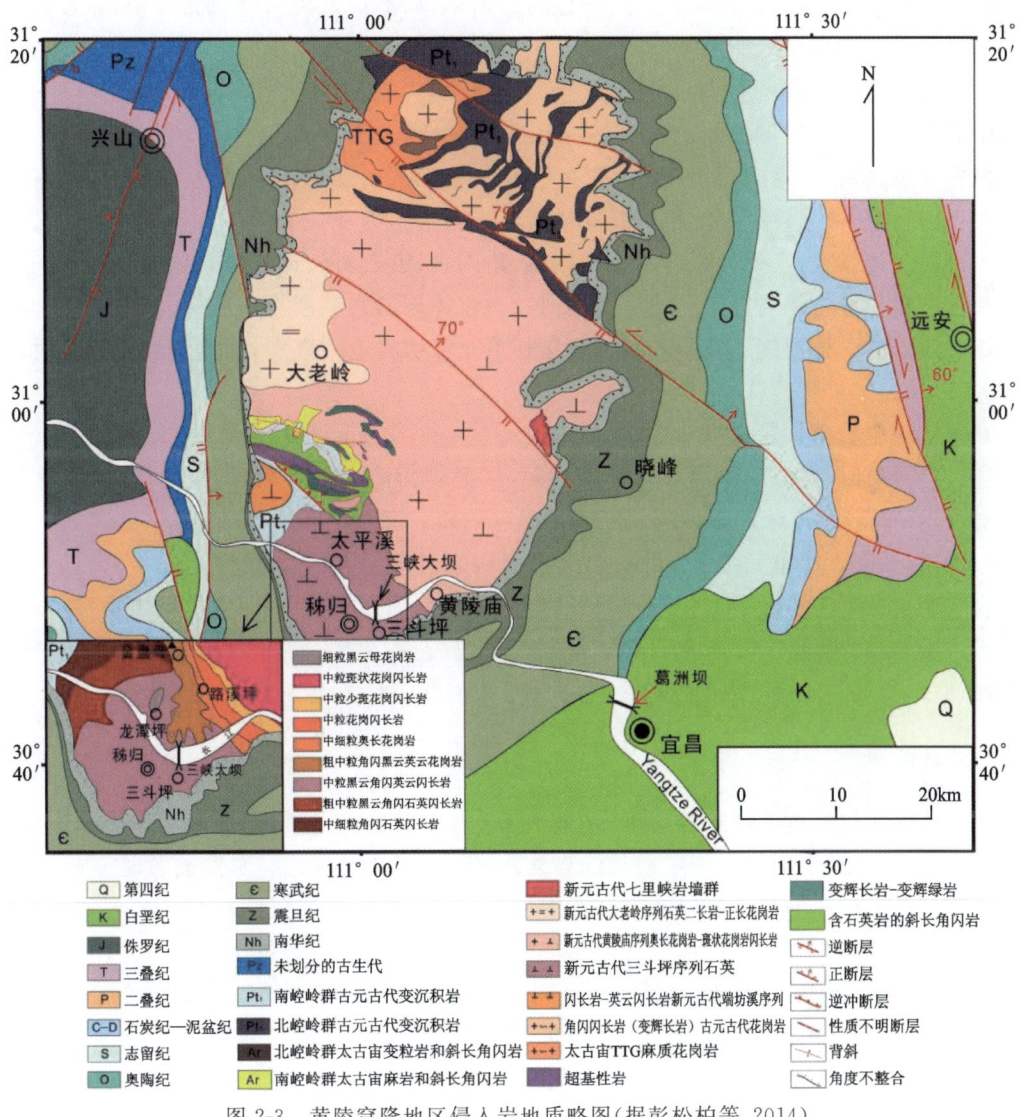

图 2-3 黄陵穹隆地区侵入岩地质略图(据彭松柏等,2014)

新元古代花岗侵入杂岩主要指分布于黄陵穹隆南部地区的新元古代黄陵花岗杂岩,也称为黄陵花岗岩岩基、黄陵复式花岗岩体,主要由茅坪、黄陵庙、大老岭等超单元(岩系)或岩浆侵入单元组成。本书按照彭松柏等(2014)的划分方式,将新元古代黄陵花岗杂岩划分为端坊溪、茅坪、黄陵庙、大老岭和晓峰5个超单元(岩石系列)。

1. 端坊溪超单元

端坊溪超单元分布于端坊溪—寨包一带,呈北西西向,主要由变辉长岩和角闪辉长岩组成,具中细粒等粒结构,块状构造,各单元具较弱的绿泥石化、绿帘石化、绢云母化等。根据岩性、结构和接触关系等划分为两个单元。

1)垭子口中细粒辉长岩(δYPt_3)

(1)地质特征。垭子口侵入体侵入小以村岩组中,局部被黄陵庙超单元穿切,在黄陵庙超单元中见大量垭子口单元捕虏体。

(2)岩石特征。本单元主要由中细粒辉长岩组成,局部暗色矿物分布不均而显花斑状。岩石中偶见紫苏辉石、普通辉石残晶。岩石副矿物种类少,磁铁矿占主导,次为黄铁矿、磷灰石。矿物含量:斜长石为77%~78%,普通角闪石为20%~21%,黑云母为1%~2%,辉石为1%±。地球化学数据特征显示原岩属深成岩浆岩。

本单元包体发育,主要类型有斜长角闪岩、角闪岩、黑云斜长片麻岩包体等。斜长角闪岩和斜长片麻岩包体特征与围岩崆岭群具相似性。包体与围岩呈渐变关系,此类包体应为深源岩浆熔融残留体。根据垭子口单元被黄陵庙超单元穿切的地质事实,推测该岩体形成时代应大于860 Ma。

2)寨包细中粒辉长岩(δZPt_3)

(1)地质特征。寨包岩体侵入垭子口单元,接触界面清晰呈港湾状,向内倾斜,内接触带可见宽约1m的较密集叶理带。西北部震旦系莲沱砂岩沉积角度不整合掩盖。

(2)岩石特征。本单元主要由细中粒辉长岩构成,其中斜长石含量为59%~60%,角闪石含量为32%~33%,辉石含量为5%~6%,黑云母含量为1%~2%。岩石副矿物种类较少,磁铁矿占主导,次为黄铁矿、磷灰石等。本单元包体较少,主要为角闪石岩,斜长角闪岩分布于内接触带附近。根据地质接触关系,本单元形成时代应略晚于垭子口中细粒辉长岩。

2. 茅坪超单元

茅坪超单元位于黄陵穹隆西南部,分布于三斗坪—黄家冲一带,总体呈北北西向展布,西北侧侵入庙湾岩组,南端被南华系莲沱组砂岩沉积角度不整合掩盖,东侧被黄陵庙超单元呈斜切式穿切。茅坪超单元主要岩性为石英闪长岩-英云闪长岩,具细—粗粒不等粒结构,块状构造,主要造岩矿物为斜长石、角闪石、石英、黑云母等,属次铝质钙碱性中性岩类。

茅坪超单元中微粒包体较发育。根据岩性、矿物成分、结构构造、包体及接触关系等特征,将其划分为中坝中细粒石英闪长岩体($\delta oZPt_3$)、太平溪中粗粒石英闪长岩体($\delta oTPt_3$)、三斗坪英云闪长岩体($\gamma o\beta SPt_3$)、金盘寺英云闪长岩体($\gamma o\beta JPt_3$)4个岩浆侵入单元(侵入岩体)。

1)中坝中细粒石英闪长岩体($\delta oZPt_3$)

(1)地质特征。中坝岩体总体呈近南北—北东向弧形展布。西侧侵入崆岭群,南段被震且系莲沱砂岩沉积角度不整合掩盖,东侧与太平溪单元呈平行式侵入不整合接触,南东侧被三斗坪单元斜切式穿切。

(2)岩石特征。主要岩性为中细粒石英闪长岩,斜长石含量为54%~55%,普通角闪石含量为32%~33%,石英含量为10%~11%,黑云母含量为2%~3%。该岩石中副矿物类型少,磁铁矿占主导,含少量锆石、磷灰石、黄铁矿等。本岩体中包体发育,类型较多,有细微粒闪长(玢岩)质、斜长角闪岩、(角闪)黑云斜长片麻岩等包体,后两类包体特征与崆岭群变质岩具相似性,且多产于崆岭群的内接触带附近。包体集中成带或孤立产出,与围岩呈截变或弥散状接触,偶见包体具黑云母环边。此外,还见有石英闪长质、灰绿玢岩质包体。根据侵入地质接触关系,本岩体形成时代应早于三斗坪单元,即早于860 Ma,但晚于寨包岩体。

2)太平溪中粗粒石英闪长岩体($\delta oTPt_3$)

(1)地质特征。太平溪单元呈近南北—北北东向带状展布,南东侧被三斗坪单元穿切,北侧侵入崆岭群。

(2)岩石特征。主要岩性为中粗粒石英闪长岩,各矿物含量分别为斜长石64%~66%、石英14%~16%、普通角闪石11%~13%和黑云母5%~6%。岩石副矿物种类较少,磁铁矿占主导,磷灰石、褐帘石含量较高。本单元包体极发育,主要为闪长玢岩质包体,呈长条状—透镜状产出,外形圆滑,多密集,呈条带状产出,带宽一般3~5m不等,顺叶理产出,其成分与中坝单元闪长(玢岩)质包体相近,仅斜长石斑晶含量达5%~8%。根据侵入地质接触关系,太平溪粗中粒石英闪长岩形成时代应早于三斗坪单元,即早于860 Ma±,但晚于中坝岩体。

3)三斗坪英云闪长岩体($\gamma o\beta SPt_3$)

(1)地质特征。三斗坪单元分布于三斗坪—王良楚垭一带,呈近南北向展布,为茅坪超单元主体,北部侵入崆岭群小以村岩组、庙湾岩组,南侧被南华系莲沱砂岩沉积角度不整合覆盖,东侧被金盘寺英云闪长岩体($\gamma o\beta Pt_3$)、路溪坪斜长(奥长)花岗岩体(γoPt_3)穿切。

(2)岩石特征。主要岩性为中粒黑云角闪英云(石英)闪长岩,岩石风化面呈灰褐色,新鲜面呈暗灰色—黑白相间的斑杂色。以中粒结构为主,长英矿物粒径2~4mm,少量可达5mm,块状构造。矿物成分由斜长石(55%~65%)、石英(10%~18%)、黑云母(12%~20%)、普通角闪石(5%~10%)等组成。常见副矿物为磁铁矿,次为磷灰石、钛铁矿、褐帘石、锆石等。锆石颜色较杂,以玫瑰色、浅黄色为主。地球化学数据特征显示三斗坪岩体属过铝质钙碱性花岗岩类。包体较发育,常见闪长(玢)岩、暗色闪长岩、斜长角闪包体。三斗坪单元岩体侵入中—新元古代庙湾岩组(Pt_2m),而被新元古代黄陵庙超单元花岗岩侵入。三斗坪单元中粒角闪黑云英云闪长岩的锆石SHRIMP U-Pb定年获得的同位素成岩年龄为863±9Ma(Wei et al.,2012)。

4)金盘寺英云闪长岩体($\gamma o\beta JPt_3$)

(1)地质特征。该岩体单元呈北北西向带状展布,西侧与三斗坪侵入体涌动接触,南侧被南华系沉积角度不整合覆盖,东侧被路溪坪单元岩体侵入。

(2)岩石特征。主要岩性为中粗粒角闪黑云英云闪长岩,中粗粒结构,块状构造。矿物成分:斜长石(55%~62%)呈半自形板条状,粒径2~5mm;石英(12%~20%);黑云母(12%~18%)呈鳞片、书页状,片径2~5mm,大者可呈7~10mm,多为集合体;普通角闪石(7%~12%)呈半自形长柱状,柱长多为3~6mm,少量可达8cm;常见副矿物为磁铁矿、磷灰石、锆石、褐帘石等。地球化学数据显示其为铝质钙碱性花岗岩类。岩体中常见闪长玢岩、斜长角闪岩等包体,多呈单体出现,包体外形圆滑,边缘偶见黑云母晕圈。此岩体侵入中元古代庙湾岩组和细中粒英云闪长岩,而被新元古代黄陵庙超单元系列花岗岩侵入。该岩体粗中粒角闪黑云英云闪长岩锆石 SHRIMP U-Pb 定年获得的同位素成岩年龄为 842 ± 10Ma(Wei et al., 2012)。

3. 黄陵庙超单元

黄陵庙超单元构成黄陵花岗岩岩基的主体部分,分布于鹰子咀—内口—古城坪等地,西侧侵入茅坪超单元,南端被南华系莲沱砂岩沉积角度不整合掩盖。黄陵庙超单元总体具细—粗中粒等粒或连续不等粒结构,块状构造,各侵入体中包体类型单调,且具零星出露的特征。根据岩石成分、结构、构造及接触关系等,黄陵庙超单元可划分为路溪坪斜长(奥长)花岗岩体(γoLPt$_3$)、鹰子咀中粒花岗闪长岩体($\gamma\delta$YPt$_3$)、茅坪沱中粒含斑花岗闪长(二长花岗岩)体($\pi\gamma\delta$MPt$_3$)和内口中粒斑状花岗闪长(二长花岗岩)岩体($\pi\gamma\delta$NPt$_3$)4 个岩浆侵入单元。

1)路溪坪斜长(奥长)花岗岩体(γoLPt$_3$)

(1)地质特征。路溪坪侵入单元呈北北西、北西向带状展布,该侵入体呈斜切式侵入茅坪超单元中的金盘寺粗中粒英云闪长岩体,并侵入中—新元古代基性—超基性岩及变质地层中,东侧与鹰子咀中粒花岗闪长岩体多呈涌动接触,局部为脉动接触。葛后坪一带呈近南北向的带状,其北西侧与中粒花岗闪长岩呈涌动接触,其余地方被南华纪或震旦纪地层角度不整合覆盖。

(2)岩石特征。主要为中细粒斜长(奥长)花岗岩(部分为英云闪长岩)。岩石风化面呈灰黄色,新鲜面呈灰色,具中细粒花岗结构,块状构造。矿物粒径多 $1\sim2.5$mm,造岩矿物为斜长石(64%~68%),呈他形—半自形板条状,聚片双晶发育,偶见卡钠复合双晶,具环带状构造;石英(24%~30%)、黑云母(4%~8%)多呈鳞片状,少量呈书页片状定向分布;角闪石(1%~3%)呈针柱状;钾长石含量 2%~5%;副矿物有磁铁矿,少量独居石、石榴子石、锆石等。锆石呈玫瑰色—浅玫瑰色,环带构造较发育。地球化学数据特征显示为铝过饱和钙碱性花岗岩类。岩体内偶见粗中粒(斑状中粒)黑云石英闪长岩及中细粒黑云英云闪长岩包体,与崆岭群接触处见斜长角闪岩和黑云斜长片麻岩包体。

该岩体单元侵入中—新元古代庙湾岩组,中细粒英云闪长岩体,而被鹰子咀中粒花岗闪长岩体侵入。路溪坪单元中细粒斜长(奥长)花岗岩锆石 SHRIMP U-Pb 定年测得的同位素成岩年龄为 852 ± 12Ma。

2)鹰子咀中粒花岗闪长岩体($\gamma\delta$YPt$_3$)

(1)地质特征。岩体分布于鹰子咀一带,空间上呈环状分布,东侧为北西向分布的 6 个小岩体,西侧为一呈北西向带状展布的大岩体。该类岩体侵入路溪坪中细粒斜长(奥长)花岗岩,被后期茅坪沱中粒含斑花岗闪长岩涌动侵入,被内口中粒斑状花岗闪长岩脉动侵入。

(2)岩石特征。主要为中粒花岗闪长岩,矿物粒径 $2\sim5$mm,多约为 3mm,主要造岩矿物为斜长石(50%~55%),呈半自形板条状,聚片双晶发育,偶见卡钠复合双晶,部分岩石中斜长石晶体表面浑浊,呈黄褐色,见黏土化和绢云母化,并见白云母穿插交代斜长石现象;石英(25%~30%)呈他形粒状,局部由于构造作用有波状消光及重结晶现象;钾长石(8%~15%)

呈他形粒状—半自形板状,具格子双晶,不均匀分布于岩石中,偶见条纹长石(正条纹长石);黑云母(4%～5%)呈鳞片状,少数为书页状,具浅黄色—暗褐色多色性。在南沱附近的侵入体中,可见部分黑云母被白云母穿切交代,少量被绿泥石交代。副矿物以磁铁矿为主,约占总量的98%,次为磷灰色、锆石及褐帘石。锆石颜色较杂,以淡玫瑰色、浅黄色为主,其次为淡紫色。常见闪长玢岩质、暗色粗粒闪长质包体。偶见斑状黑云石英闪长质、中细粒黑云英云闪长质包体,与崆岭群接触处可见有斜长角闪岩、片麻岩包体。地球化学数据显示属铝过饱和型钙碱性花岗岩类。鹰子咀中粒花岗闪长岩单元与路溪坪中粒斜长(奥长)花岗岩单元以及茅坪沱中粒含斑花岗闪长岩体单元呈涌动接触,而被内口中粒斑状花岗闪长单元侵入。鹰子咀单元中粒花岗闪长岩锆石 SHRIMP U-Pb 定年获得的同位素成岩年龄为 850±4 Ma。

3)茅坪沱中粒含斑花岗闪长(二长花岗岩)岩体($\pi\gamma\delta MPt_3$)

(1)地质特征。茅坪沱中粒含斑花岗闪长岩体单元分布于乐天溪附近的茅坪沱一带,与鹰子咀侵入单元及内口侵入单元均呈涌动侵入接触。

(2)岩石特征。主要为中粒少斑花岗闪长岩,岩石风化面呈灰黄色,新鲜面呈浅灰色,具似斑状结构,块状构造。矿物粒径 2～5mm,造岩矿物为斜长石(55%～60%)、石英(28%～35%)、钾长石(3%～8%)及少量的黑云母(3%～5%),副矿物以磁铁矿为主,其他副矿物含量低。斑晶主要为石英聚晶和少量斜长石斑晶,钾长石斑晶少见,部分地方钾长石含量低,接近浅色英云闪长岩的成分。茅坪沱单元以含斜长石和石英斑晶与鹰子咀中粒花岗闪长岩单元相区分,与内口中粒斑状花岗闪长单元的区别是内口中粒斑状花岗闪长岩以钾长石斑晶为主,斑晶含量大于10%,且钾长石斑晶较大,而茅坪沱中粒含斑花岗闪长岩体单元中的钾长石斑晶少,主要为石英聚斑晶。地球化学数据显示属铝过饱和型钙碱性花岗岩类。茅坪沱单元中见有闪长玢岩质、暗色粗粒闪长质包体。偶见斑状黑云石英闪长质、中细粒黑云英云闪长质包体,与崆岭群接触处见斜长角闪岩、片麻岩包体。茅坪沱岩体单元侵入中—新元古代庙湾岩组、细中粒英云闪长岩,并与鹰子咀中粒花岗闪长岩单元以及内口中粒斑状花岗闪长岩单元呈涌动接触。茅坪沱中粒含斑花岗闪长岩单元锆石 SHRIMP U-Pb 获得的同位素成岩年龄为 844±11 Ma。

4)内口中粒斑状花岗闪长(二长花岗岩)岩体($\pi\gamma\delta NPt_3$)

(1)地质特征。内口单元主要分布于乐天溪—古村坪—钟鼓寨一带,与茅坪沱侵入单元呈涌动侵入接触,与总溪仿侵入体呈脉动侵入接触。

(2)岩石组合特征。主要为中粒斑状黑云花岗闪长岩,部分地方钾长石含量偏高,可定名为二长花岗岩,斑状结构,块状构造,矿物粒径 2～5mm。岩石风化面呈灰黄色,新鲜面呈浅灰色。造岩矿物为斜长石(52%～55%)、石英(28%～33%)、钾长石(10%～20%)及少量黑云母(3%～5%),副矿物以磁铁矿为主,见少量褐帘石、榍石、锆石等。钾长石中常见明显环带状构造。岩体中零星见斑状黑云英云闪长质、斑状黑云石英闪长质、闪长玢岩质、黑云片岩等包体,一般呈次圆状—次棱角状,中细粒黑云英云闪长质包体呈条带状产出,与围岩呈截变接触。地球化学数据显示属铝过饱和型钙碱性花岗岩类。本单元侵入鹰子咀中粒花岗闪长岩单元,部分地方可见其脉动侵入茅坪沱中粒含斑花岗闪长岩单元,中粒斑状黑云花岗闪长岩锆石 SHRIMP U-Pb 定年获得同位素成岩年龄为 835±14Ma。

4. 大老岭超单元

大老岭超单元主要分布于黄陵花岗岩岩基西北部大老岭林场一带,包含 4 个岩浆侵入单元,西部被震旦系不整合覆盖,北、东、南三面侵入黄陵庙岩套和南部崆岭群,形成时代为 826～795Ma(凌文黎等,2006;Zhao et al.,2013)。

(1)凤凰坪二长闪长岩岩体:分布于本超单元东北缘,总体呈弧形。岩石特征为色率较高,中粒结构,块状构造(局部呈条带状),微具面状构造。

(2)田家坪似斑状角闪黑云二长花岗岩岩体:近东西向分布,以含大量粗大的钾长石斑晶及明显的角闪石区别于鼓浆坪单元,二者直接接触关系未能查明。两单元相比,田家坪单元的色率和角闪石含量较高,而 SiO_2 含量较低,按岩浆演化规律,田家坪单元应早于鼓浆坪单元。

(3)鼓浆坪二长花岗岩岩体:本超单元最大的岩体单元,主要分布于之子拐—大老岭林场场部—天柱山—长冲一线及其以西,与凤凰坪单元呈截切式侵入,有时也可见渐变过渡关系。

(4)马滑沟含石榴子石二长花岗岩岩体:包括马滑沟、沙坪、龙潭寺等岩体以及许多未圈入的岩脉状小岩体,分别侵入黄陵庙超单元和三斗坪超单元,未见与本超单元其他单元相接触。根据结构、矿物成分特点,暂将其置于大老岭超单元的最晚的单元。

三、变质岩

黄陵穹隆地区的变质岩主要为核部前寒武纪结晶基底中出露的区域变质岩,其次为混合岩、动力变质岩和接触变质岩。

1. 区域变质岩

实习区区域变质岩主要为一套中深变质杂岩系,习惯称崆岭杂岩或崆岭群,组成黄陵背斜地区的变质基底岩系,见于薄刀岭—茅垭、九曲脑中桥及木材检查站等教学路线,太古宇古村坪岩组、古元古界小以村岩组及中—新元古界庙湾岩组均有出露。主要岩石类型有角闪岩、黑云斜长角闪岩、黑云斜长片麻岩、黑云角闪斜长片麻岩、石英岩、大理岩、长英质变粒岩等。

(1)角闪岩:细粒柱状变晶结构,岩石由普通角闪石、少量蚀变斜长石、蚀变黑云母和微量磁铁矿等组成,块状构造。原岩为玄武岩,属中级区域变质,角闪岩相。

(2)黑云斜长角闪岩:细粒柱状变晶结构。岩石由普通角闪石、蚀变斜长石、蚀变黑云母和微量磁铁矿等组成。原岩为玄武岩,属中级区域变质,角闪岩相。

(3)黑云斜长片麻岩:细粒粒状变晶结构,片麻状构造。岩石由石英、斜长石、蚀变黑云母和微量磁铁矿等组成。原岩为长石砂岩,属中级区域变质,后期气液蚀变、地表风化。

(4)黑云角闪斜长片麻岩:细粒鳞片粒状变晶结构,片麻状构造。岩石由蚀变斜长石、普通角闪石、蚀变黑云母和少量磁铁矿等组成。原岩为玄武岩,属中级区域变质,角闪岩相,后期气液蚀变、地表风化。

(5)石英岩:粒状变晶结构,变余层理构造,主要矿物为石英。原岩为石英砂岩。根据岩石组合推测属中级区域变质岩。

(6) 大理岩：粒状变晶结构，变余层理构造，主要矿物为方解石、白云石。原岩为灰岩或白云岩。根据岩石组合推测属中级区域变质岩。

(7) 长英质变粒岩：粒状变晶结构，变余层理构造，主要矿物为长石、石英。原岩为长石石英砂岩。根据岩石组合推测属中级区域变质岩。

2. 混合岩

实习区内混合岩零星分布于茅垭路线古村坪岩组和小以村岩组中，主要包括混合岩化片麻岩、条带状混合岩、条带状混合片麻岩等。

(1) 混合岩化片麻岩：岩石受混合岩化作用较弱，有混合岩化黑云二长片麻岩、混合岩化含黑云斜长片麻岩、混合岩化含黑云角闪斜长片麻岩等。岩石中脉体稀疏，含量小于15%，宽3~5cm，平行排列，成分为长英质，与基体界线十分清楚。

(2) 条带状混合岩：区内最常见的一种混合岩。脉体含量一般小于50%，脉宽1~5cm，少数为10~20cm，相互平行，延长较为稳定，界线清楚，脉体成分多为长英质，少数为花岗质，基体主要为黑云斜长片麻岩、黑云钾长二长片麻岩、黑云角闪斜长片麻岩及黑云角闪岩等。

中细粒长英质黑云斜长角闪条带状混合岩（见于木材检查站处小以村岩组）：岩石由黑云斜长角闪岩变质岩基体和长英质混合岩化脉体两部分组成，斜长角闪岩变质岩基体含量50%~85%，细粒粒状变晶结构。岩石由普通角闪石、斜长石、黑云母、磁铁矿等组成。原岩为玄武岩。脉体含量15%~50%，主要成分为斜长石和石英，中—细粒结构，条带状构造。

长英质黑云角闪斜长条带状混合岩（见于茅垭古村坪岩组）：岩石由黑云角闪斜长片麻岩变质岩基体和长英质混合岩化脉体两部分组成。黑云角闪斜长片麻岩变质岩基体含量50%~85%，鳞片粒状变晶结构。岩石由斜长石、普通角闪石、石英、蚀变黑云母、磁铁矿等组成。原岩为中酸性岩浆岩。脉体含量15%~50%，主要矿物为长石及石英，中细粒结构，条带状构造。

(3) 条带状混合片麻岩：主要见于茅垭路线古村坪岩组。脉体含量一般为50%~85%，脉宽多为10~20cm，相互平行，延长较为稳定，与基体界线呈渐变关系，脉体成分多为长英质，基体主要为黑云斜长片麻岩、黑云钾长二长片麻岩、黑云角闪斜长片麻岩及黑云角闪岩等。

黑云角闪条带状混合片麻岩（见于茅垭古村坪岩组）：岩石由黑云角闪斜长片麻岩变质岩基体和长英质混合岩化脉体两部分组成。黑云角闪斜长片麻岩变质岩基体含量15%~50%，鳞片粒状变晶结构。主要矿物由斜长石、普通角闪石、石英、蚀变黑云母、磁铁矿等组成。原岩为中酸性岩浆岩。脉体含量50%~85%，主要矿物为长石及石英，中细粒结构，条带状构造。

上述混合岩的混合强度，在空间分布上具有从北向南逐渐减弱的特点，并清楚地受构造控制，表现为背斜轴部受混合岩化作用较强，而翼部则明显减弱。混合岩化变质岩处于混合岩与未受混合岩化作用变质岩的过渡地带。

3. 动力变质岩

实习区内动力变质岩较为发育，其中脆性动力变质岩出露于各类脆性断层中，塑性动力变质岩见于黄陵背斜北部元古宇崆岭群中，岩石类型主要为碎裂岩、糜棱岩，其特征分别叙述如下。

(1) 脆性动力变质岩类有构造角砾岩、碎裂岩两类。

构造角砾岩：具碎裂结构，角砾状构造，由砾径大于2mm的碎块（角砾）组成，含量大于50%，角砾碎块呈棱角状，大小混杂。基质由细小的破碎物（碎基）和铁质、硅质、钙质胶结物组成。成分与母岩相关。

碎裂岩：具碎裂结构，块状构造。长英矿物有50%～90%被磨细，细碎物质粒径0.02～0.5mm，其中一部分免遭破碎的长石呈碎斑被保留，其边缘有碎粒化现象，石英等矿物波状消光明显，斜长石的双晶解理发生扭曲和错断。

(2) 塑性动力变质岩类：糜棱岩。具糜棱结构，定向构造。碎斑呈眼球状、透镜状，石英发育波状消光、扭折带等晶内和晶界塑性变形结构。基质主要由亚颗粒和细小的重结晶颗粒组成，具有明显的面理，且常呈条带状（成分层）绕过碎斑，显示塑性流动的流状构造。成分为长英质。

4. 接触变质岩

实习区内接触变质岩主要为接触交代变质矽卡岩，位于黄陵花岗岩与大理岩的接触带上，见有矽卡岩型铜钼矿化。

(1) 透辉石矽卡岩：灰绿色，不等粒状变晶结构、交代结构。岩石由透辉石（90%）、石英（0%～5%）、阳起石（3%）、方解石（1%～2%）和微量辉钼矿、黄铜矿、磁铁矿等金属矿物组成。石英呈粗大晶体，具波状消光，在与透辉石相接触部位见交代透辉石现象。岩石往往伴随硅化和方解石化。

(2) 石榴子石矽卡岩：灰色，变嵌晶结构、交代结构，主要由石榴子石（50%）、石英（42%）、普通角闪石（3%）、透辉石（1%～2%）、绿帘石（1%～2%）、方解石（2%）组成。石榴子石晶体粗大，但由于石英交代而外形很不规则，晶体中常包含了一些晶形不规则的辉石、闪石、绿帘石等；石英广泛出现，具波状消光，角闪石为次生交代形成。

5. 气液交代变质岩

实习区气液交代变质岩主要见于薄刀岭—茅垭教学路线，代表性岩石有蛇纹石片岩。此外，区域变质岩多发生的蚀变现象也是气液交代的结果。

蛇纹石片岩为超基性岩浆岩蚀变而来，具鳞片变晶结构，片状构造，主要成分为蛇纹石，由于铁镁含量的差异造成颜色深浅的变化。

第五节 地质构造

秭归实习区主要位于黄陵穹隆核部前南华纪变质基底区及南部周缘沉积盖层地区（图2-4），在区域大地构造上属华南扬子克拉通核心地区，前南华基底经历了多期复杂俯冲—增生碰撞造山地质构造演化过程，新元古代晚期的造山运动（即晋宁构造运动）奠定了扬子克拉通基底基本轮廓，之后形成了一套稳定的海相沉积盖层，晚中生代开始进入陆相沉积构造演化阶段。

中新生代黄陵穹隆地区在大地构造上位于扬子克拉通北西西向大巴山弧形逆冲推覆褶断带东延南侧与北东—北东东向齐岳山-八面山弧形褶断带东延北部收敛交会部位,而且中国中西部重要北北东向地球物理重力梯度带西侧太行山-武陵山隆起构造带叠加其上。这一独特地质构造部位造就了前南华纪变质基底、新元古代黄陵花岗杂岩和南华纪以来沉积地层的连续良好出露,成为研究华南地区前南华纪变质基底、南华纪以来沉积地层最为重要的窗口和经典研究地区,它珍藏保留了扬子克拉通乃至整个华南地区最古老的早前寒武世基底岩石、距今 7 亿年左右"雪球地球事件"(Snowball Earth)的古老冰川沉积以及南华纪以来大套完整连续的沉积地层,这在国际地质学领域也都十分罕见。

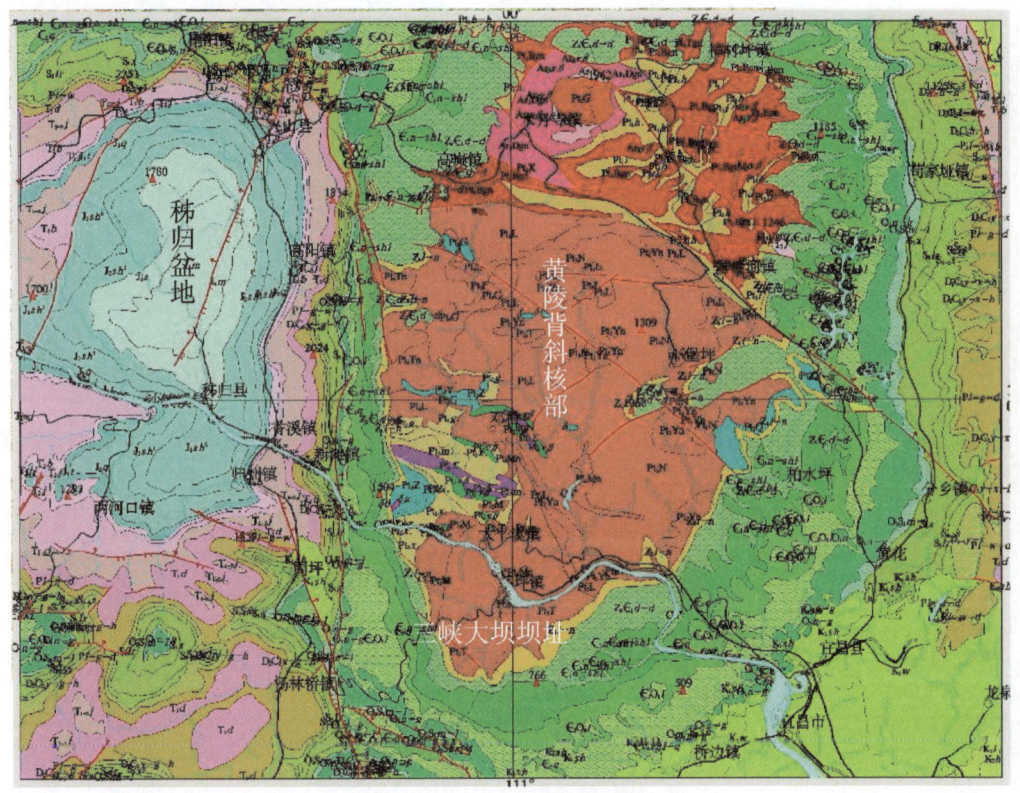

图 2-4 秭归县地质简图

秭归县三峡库区处于新华夏构造体系鄂西隆起带北端和淮阳"山"字形构造体系的复合部位,构造格局较为复杂。实习的教学路线主要分布在黄陵背斜内外,在该地区内褶皱构造、断裂构造、面理构造、线理构造和侵入岩体构造均较发育。

一、断裂构造

区内断裂构造较发育,除了仙女山、九畹溪等大型断层外,还发育有形成链子崖危岩体、岩溶现象等的大型节理。

1. 断层构造

区内断层主要有北北东—近南北向、近东西向和北西-南东向 3 组。

(1)北北东—近南北向断层组:主要分布在西部香龙山背斜和东部秭归向斜地段,以西部最为发育、集中,且规模较大,最大可延伸 40 余千米,一般 15～20km,常呈等距线性排列,主要倾向西,倾角陡,均在 70°以上。水平错动表现明显,沿断层线存在宽窄不等的破碎带,一般 10～20m,局部宽达 50m,如水田坝断层。南北向构造主要由仙女山断层和九畹溪断层组成,近平行向展布,特征见表 2-1。

(2)近东西向断层组:主要集中分布于香龙山背斜核部西段,一般平行或近平行于褶皱轴向延伸,规模不等,最大延伸 30km,多为逆断层,倾向北,倾角 45°～65°,沿断层线断续发育数十米宽的破碎带,如大岩口断层。

(3)北西-南东向断层组:分布于五龙褶皱带东段,一般规模较小,常沿次级褶皱轴线平行展布,局部形成破碎带,以逆断层为主,断面倾向北东或南西,倾角 45°～65°不等,如田家坪断层。

表 2-1 仙女山、九畹溪断层特征

断层名称	性质	主断面产状/(°)	长度/km	两盘地层		主要特征描述
				南(或东)	北(或西)	
仙女山断层	活动性断层、顺扭	70～75∠60	67（区内 30）	T_2j—S	K_1s	断面可见多方向擦痕,还可见角砾岩及少量断层泥、断层泉,方解石脉被错开,至今仍在活动
九畹溪断层	张性	100∠40	15	C_1	O_{2+3}	以挤压为主,挤压破碎带宽 20～50m,具构造透镜体及片状构造

2. 节理构造

实习区张节理和剪节理均有发育。火炬状张节理尤以三峡竹海公园采石场和长阳构造路线灯影组中的最为典型,如图 2-5a 所示。其中,雁行式张节理、张节理的尖灭侧现现象与层间劈理也十分典型,如图 2-5b、c 所示。区内剪节理亦很发育,区域上印支期形成的 310°方向剪节理控制着二叠系茅口组的岩溶作用,图 2-5d 为南沱组剪节理切穿砾石。

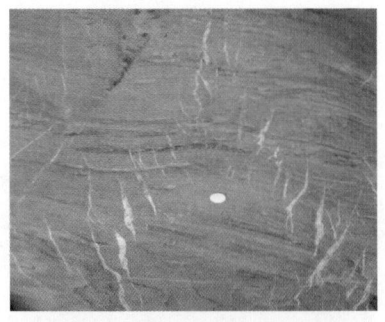
a.三峡竹海公园灯影组火炬状张节理

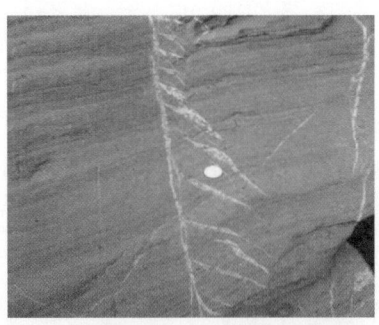
b.三峡竹海公园采石场雁行式张节理

c.张节理的尖灭侧现象

d.土三公路南沱组剪节理切穿砾石

图 2-5 秭归实习区常见的节理构造

二、褶皱构造

实习区内主要褶皱有黄陵背斜和秭归向斜,其他褶皱有香龙山背斜及其东侧的五龙褶皱带、百福坪-流来观背斜、茶店子复向斜、长阳褶皱带,具体见表 2-2。

表 2-2 实习区内主要褶皱特征

褶皱名称	特征描述	轴向	两翼倾角 S(E)翼	两翼倾角 N(W)翼	核部地层	两翼地层	备注
黄陵背斜	短轴对称背斜,呈穹隆构造	北东10°	东 10°~15°	西 30°~35°	元古宇崆岭群	震旦系至中三叠统	区内为其西翼,长约45km
秭归向斜	轴呈S型的开阔对称向斜	近南北向,江南近东西向	东30°以上	西 16°~30°	上侏罗统蓬莱组	上侏罗统遂宁组至上三叠统九里岗组	呈环形盆地,轴向长47km
香龙山背斜	短轴背斜,呈穹隆构造	近东西向	南 8°~14°	北40°	中寒武统、下奥陶统	中奥陶统至中三叠统	沿翼部发育有由中上三叠统构成的短轴状背向斜

续表 2-2

褶皱名称	特征描述	轴向	两翼倾角 S(E)翼	两翼倾角 N(W)翼	核部地层	两翼地层	备注
五龙褶皱带	轴向北西、北东转近东西向，呈鼻状，由4个向斜和3个背斜组成的弧形褶皱	北西向	南22°	北35°	下志留统、中下三叠统嘉陵江组	下志留统、二叠系、泥盆系、下三叠统大冶组	东南封闭，地层较平缓
百福坪-流来观背斜	东端倾伏，西端开阔的弧形褶皱	北东85°	南35°~50°	北38°~54°	北斜高点出露志留系	三叠系	区内仅见东端三叠系
茶店子复向斜	对称褶皱	北东60°	南20°	北20°~30°	中三叠统	中下三叠统	

三、其他构造

其他构造涵括有劈理构造、侵入岩体的各种原生构造（包括次生构造）等。

1. 劈理构造

区内劈理构造有流劈理、破劈理和褶劈理，以发育于变质岩中的流劈理为多，有片理、片麻理构造，主要在前震旦系、崆岭群变质岩地层中（图 2-6），它们是面理置换过程中产生的新生构造面理，通常被视为变质岩区的 S_1 面。对片理而言，其露头表征为新生片状矿物定向排列而呈现"层理"；对片麻理而言，其"层理"表征是定向排布的矿物由片状、粒状、柱状等多形态集合体反映。

此外，区内在构造断层带（如仙女山大断层）中发育有破劈理，是变形和动力变质作用的结果，是分析断层性质的重要依据。

图 2-6 崆岭群区域变质岩中的片理构造

2. 侵入岩体构造

侵入岩体构造一般包括岩体形态、岩体产状、接触面形态及产状、岩体与围岩的接触关系、岩内相带接触关系、流线、流面、岩体侵位机理以及 L、S、Q 节理等基本研究内容。其中流线、流面的观测研究是基础,也最具重要性。因为岩体形态、接触面产状和 L、S、Q 节理的厘定均与流线、流面的观测直接相关。

已有资料反映,黄陵岩体的主体岩性由晋宁期英云闪长岩、石英闪长岩、闪长岩及斜长花岗岩等组成,其中尚包括有前晋宁期的基性、超基性小岩体,因此黄陵岩体实质为复式岩体。黄陵岩体平面为椭圆形,面积达 360km², 其产状可划归岩基。目前,各有关单位资料均未直接指出这一岩体的空间形态,但却一致谈到该岩体南缘、北缘接触面产状总体具有倾角较陡、局部倾向岩体的特点。据此推论(同时考虑该岩体已被风化剥蚀的上部形态和尚未露出的岩体下部形态),该岩体极可能具似气球的立体形状。底辟式上升则可能是这一岩体的侵位机理。黄陵岩体与前震旦系崆岭群呈侵入接触,被震旦系不整合覆盖的沉积接触关系在实习区可直接观察到。

黄陵岩体的流线、流面构造较发育,但清楚可辨者一般仅见诸岩体的边部或靠近边部的地带,实习区高家溪青石板小沟内可见到这种情况。该露头上,表征流面的是捕虏体的扁平面及英云闪长岩中的云母片;表征流线的是捕虏体的长轴方位。

1:20 万宜昌长阳巴东幅及 1:5 万秭归幅区域地质调查报告指出,黄陵岩体中茅坪英云闪长岩的形成时代应早于黄陵花岗岩;二者在接触部位发育有 200～2000km 宽的混染带,并且在殷家寨一带见后者呈舌状侵入前者之中;二者为同源同期不同侵入阶段的产物。

四、构造演化

从地质历史的演化看,实习区主要经历了 6 个构造活动阶段。

(1)太古宙(3450～2600 Ma)。崆岭古陆核是我国华南区域最古老的结晶基底,其形成经历了 3450～3200 Ma、约 2900 Ma、2700～2600 Ma 三个阶段。

(2)古元古代(2150～1850 Ma)。陆核对 Columbia 超大陆聚合裂解过程产生响应,经历微陆块碰撞—裂解过程,A 型花岗岩标志着扬子克拉通完成克拉通化。

(3)中元古代(1150～930 Ma)。洋盆闭合,神农架岛弧与扬子陆核发生拼合,形成新元古代庙湾蛇绿岩套及新元古代变沉积岩。

(4)新元古代(830～750 Ma)。由加厚地壳深熔作用导致岩浆上侵,形成黄陵岩基,可细分为 4 个系列:三斗坪、大老岭、黄陵庙、晓峰。

(5)南华纪—中生代(侏罗纪)之前(750～200 Ma)。扬子古大陆遭受大规模的海侵,发生以海相沉积为主的沉积作用,其沉积地层整合或平行不整合的叠置和覆盖在黄陵地区的结晶基底与花岗岩岩基之上。

在此期间,实习区存在几个水平升降运动形成的平行不整合接触:①南华系莲沱组与南沱组;②南华系南沱组与震旦系陡山沱组;③寒武系岩家河组与水井沱组;④志留系纱帽组与泥盆系云台山组(加里东运动);⑤石炭系黄龙组与二叠系梁山组;⑥二叠系茅口组与吴家坪组(东吴运动)。

三叠纪末期印支运动使得本地区发生水平抬升,由海相沉积(三叠系)转为陆相沉积(侏罗系)。

(6)中生代(侏罗纪)至今(200 Ma至今)。结晶基底和岩基隆升,特别是145Ma前后的快速隆升,形成剥离断层,地层减薄,并伴随因形成背斜而产生的层间滑脱构造,四周的沉积盖层地层产状向外倾斜,形成了白垩系与下伏地层的角度不整合接触;顶盖的地层遭受剥蚀,形成现今的黄陵穹隆(沈传波等,2009,2012;向芳等,2009)。

第六节 新构造运动与地震

秭归县三峡库区所处的区域构造环境稳定程度较高,自前震旦纪的晋宁运动以后直至中生代印支运动,区域地壳一直处于大面积微具振荡性的稳定沉降状态,经过中生代造山运动之后又趋于平稳,新生代以来表现为大面积的间歇性隆起和局部地段的差异性断裂活动。现今构造活动属黄陵、当阳北北东向隆起较弱活动区,黄陵背斜总体趋势仍表现为长轴近南北向的隆起单元,相对于秭归向斜有总体上升趋势。第四纪以来受较强烈的区域性隆起和拗陷影响,区内断裂产生一些差异性活动,仙女山断层、九畹溪断层都有轻微位移活动,年速率小于0.1mm,仙女山断层为一系列雁行状断层组成的断层带,断层线平直,在地形上形成较明显的断层崖、断层峡谷,为岩崩多发区。

据全国地震区带划分,本区位于长江中下游地震活动区的江汉地震带内,属地震活动较弱的地震带。自有记载以来,本区中强震不多,未发生过6级以上地震,近代发生的最大地震为1979年5月22日秭归县龙会观5.1级地震,震中距长江仅8km。现今地震活动主要分布在黄陵背斜西侧、仙女山断层带,呈北北东向及北东向展布,根据国家地震局1:400万《中国地震烈度区划图》(1990年),本区地震基本烈度为Ⅵ度,其中对区内地质灾害可能影响较大的是仙女山潜在震源区,沿地震带微震活动较频繁,1959年迄今共记录到30次,最大为1972年3月秭归县周坪附近曾发生过的3.7级地震,震级上限6.5级。

第七节 水文地质条件

实习区具有地层多样性、地质构造及地形条件复杂等特征,地下水赋存条件主要取决于地层岩性和构造条件。这里将地下水赋存条件及补、径、排形式归为如下类型。

(1)第四系孔隙含水岩类。各类成因的第四系堆积物,其孔隙中赋存大量孔隙水,因堆积物分布厚度、成因、连续性和所处的地形条件不同而赋水程度不同。大气降水渗入含水层中成为孔隙水,孔隙水部分下渗到基岩中,部分在地形低洼处或接触带上以面状或泉点形式溢出地表。

(2)结晶岩含水岩类。分布于黄陵背斜的花岗岩、闪长岩体,发育多组构造裂隙,风化壳厚10~50m,存在大量风化裂隙,大气降水入渗赋存于裂隙及断层中,形成裂隙水。地下水沿裂隙向附近沟谷及低洼处渗流,并以面状或点泉形式排泄。泉水流量一般小于0.5L/s。地下径流模数为 7.46L/(s·km^2)。

（3）碎屑岩含水岩系。由砂岩、泥岩组成的裂隙孔隙含水层。接受大气降水，地下水在岩层的构造裂隙、风化裂隙中以脉状水流形式运动，大多呈无压流流动，地下水在沟谷、地形低洼处或接触带上以片状漫浸或泉水形式流出。泉流量一般较少，常小于 1L/s。地下径流模数为 6.53L/(s·km^2)。

（4）碳酸盐岩含水岩类。白垩纪至三叠纪各时期的碳酸盐岩，形成岩溶裂隙含水层。受大气降水补给，地下水在岩体裂隙及岩溶管道中以脉状、管状流形式流动。在一定条件下，形成独立的岩溶系统及补、径、排一体的水文地质单元。地下水在沟谷或地形低洼处、接触带处大多以泉的形式流出。

第八节　不良地质现象与地质灾害问题

一、斜坡地质灾害

秭归县作为坝区库首第一县，是三峡库区地质灾害的重灾区。由于受三峡库区地理、地质环境制约及人类工程活动的影响，秭归县地质灾害频发。据统计，截至 2008 年底全县分布滑坡、崩塌、泥石流及采空塌陷等各类地质灾害共 900 多处，灾害体总体积达 16.575×10^8 m^3。这些灾害中，崩塌、滑坡灾害的规模有大有小，较大规模滑坡有新滩滑坡、树坪滑坡、范家坪滑坡、卡子湾滑坡、八字门滑坡、链子崖崩塌体等。卡子湾滑坡体积约 1.2×10^8 m^3，八字门滑坡体积约 400×10^4 m^3。

秭归县地质灾害集中分布于以下地段（孙仁先等，2002）：①坡度范围 25°～40°的斜坡、土质斜坡、顺向坡；②中新生界三叠系、侏罗系易形成滑坡的地层分布地区，志留系至二叠系易形成崩塌的危岩分布区；③易发灾害的地层岩性为碎屑岩中泥质粉砂岩与泥岩互层岩组，粉砂质泥岩、泥质粉砂岩夹页岩煤层岩组，碳酸盐岩夹页岩煤层岩组等软岩或软硬相间的互层结构或具软弱基座；④秭归向斜、香龙山背斜轴部、北北东向断裂或裂隙密集带、仙女山断裂构造活动强烈的地区；⑤江北龙会观一带历史地震区和仙女山断裂潜在震源区；⑥地表水侵蚀切割强烈的河谷地区、地形坡度变化大的峡谷地区、人类活动对自然环境破坏严重的地区；⑦暴雨集中且具有形成滑坡、崩塌地质条件的地区；⑧县内人类工程活动（不合理农垦、采矿、公路建设、城镇建设及水利水电建设、移民工程建设活动等）。秭归县地质灾害涉及 316 个村，易受地质灾害影响的村有 37 个，包括归州镇龙王庙村、八字门村、沙镇溪镇、千将坪、两河口镇两河、郭家坝镇等。

沿库岸分布的库岸地质灾害是秭归县地质灾害的主要组成部分。秭归县库段下游茅坪镇距大坝 1.5km，西端左岸牛口距坝 58.5km，右岸水磨溪口店子溪距坝 61.9km，库段全长 60.4km，单侧岸坡长 117.4km；县内九畹溪、香溪河、童庄河、吒溪河、青干河（包括锣鼓洞河）及泄滩河 6 条支流库段总长 74.2km，单侧岸坡长 148.4km。其中土质库岸（Ⅳ）分布零星，多为基岩斜坡表层覆盖残坡积、崩坡积碎石土及滑坡堆积体，累计岸坡长 27.4km；块状结晶岩库岸位于近坝首的茅坪、庙河一带，长 29km，占干流库岸总长的 24.70%；碎屑岩库岸岸坡最长,共长 183.0km,占总长的 69%,主要是位于秭归盆地的岸坡类型;层状碳酸盐岩库岸岸坡共长 76.2km,占总长的 30%,主要是位于西陵峡段的岸坡类型。通过多次调查工作及前人成果发现,秭归县库区地质灾害情况非常严重,共有各类地质灾害点 373 处,其中滑坡 275 处,崩塌 15 处,潜在不稳定斜坡 78 处,地面塌陷 3 处,泥石流 2 处,灾害点总面积 $3\,745.634\times10^4\,m^2$,占全县面积的 1.54%,总体积 $87\,132.05\times10^4\,m^3$,共威胁人口 81 192 人,预测直接经济损失 152 117.7 万元。地质灾害主要分布在长江、童庄河、香溪河、吒溪河、锣鼓洞河、青干河与泄滩河沿岸,其中尤以水田坝乡、归州镇、沙镇溪镇、郭家坝镇最为密集。

可见秭归县库区地质灾害点较多、危害程度较大,给当地人民群众的生命与财产安全带来了威胁与危害,也阻碍了地方经济发展。20 世纪 90 年代以来国土资源部(现为自然资源部)与水利部长江委对秭归县地质灾害和库岸稳定性进行了广泛的调查评价,对重大滑坡实施了勘察治理或监测,特别是在三峡工程建设过程中,进行了移民城镇选址工程地质勘察、移民安置崩滑体地质调查,2000 年起自然资源部门在地方政府的配合下组织了三峡库区地质灾害调查、二期和三期规划治理、监测和搬迁。其中,由秭归县地质灾害防治中心直接管理的三峡库区二期地质灾害防治工程项目 19 个,总投资近 2 亿元。同时,对于未开展治理工程投入的灾害体,秭归县当地政府采用群测群防体系,圈定了重大隐患点,提出了防治建议,制定了防灾预案,逐级签订了地质灾害监测预报责任书,为控制全县地质灾害风险投入了大量的监测工作。

2003 年 6 月水库 135m 蓄水,坝前水位迅速抬升 60 余米,在蓄水影响范围内,经过治理的灾害隐患点均无崩塌滑坡发生,移民城镇库岸及沿江重要城镇的库岸没有发生塌岸,监测预警也起到了明显的作用,树坪滑坡及八字门滑坡已根据监测数据提前搬迁。这表明二期规划的实施使受坝前 135m 水位影响范围内的地质灾害已经得到有效防治。

二、水土流失

秭归县水土流失情况特别严重,全县水土流失面积有 $1213km^2$,占总面积的 53.37%。其中荒山流失面积 $214.9km^2$,裸露风化岩石地带流失面积 $86.06km^2$,坡田流失面积 $324.99km^2$,疏林和残幼林流失面积 $490.87km^2$。严重的水土流失是造成全县历史上贫困缺粮的主要原因之一。

由于地形和地质构造的特殊条件,形成的侵蚀特点是以面蚀、沟蚀和崩蚀 3 种类型为主,其中以崩蚀造成的危害最大。

1. 面蚀

面蚀主要发生在坡耕地、疏残幼林和植被覆盖率低的地区,特别在 25°以上的挂坡耕地和光山秃岭地区更为严重,林荒次之。从地质构造上看,岩性软弱、松散、破碎的地区又严重些。县域内分布有 3 种地层岩性分布区,风化面蚀比较严重,流失面积共有 $622.54km^2$,占总面积的 27.4%,其中坡耕地 28 万亩(1 亩≈$666.67m^2$)。第一带以侏罗系、三叠系的紫红色砂页岩、泥岩为主,流失面积有 $413.1km^2$,主要分布在香溪以上的长江两岸;第二带以志留系黄绿色砂页岩为主,流失面积有 $143.26km^2$,分布在长江两岸,共有 4 处,即从兴山县建阳坪到屈原乡和龙马溪、从周坪到花桥、从五龙乡到两河区的白马岭、从磨坪区升坪乡到桂花;第三带为以前震旦系结晶杂岩为主的茅坪地区,流失面积有 66.18km², 主要分布在西陵峡中段的长江南岸。

2. 沟蚀

沟蚀是面蚀的进一步发展,在上述 3 种风化带的软弱、松散岩石地区,由面蚀发展成小沟,再逐渐冲刷,一边向上游源头推进,一边向两侧扩张,同时又向下切割成深沟,形成上游似枝网状分布,下游成宽谷。沟蚀总面积为 253km²。全县砂页岩分布区有五龙乡的周缘,两河二甲乡南部边缘的沟源头等地分布密度最大,平均有 21.6 条/km²,总长度达 42.3km。其中最严重的是五龙乡下仓坪,有 30 条/km²,总长度达 60km,最深的沟在 25m 以上。

3. 崩蚀

崩蚀也叫重力侵蚀,主要由重力作用、构造破坏、地表水侵蚀形成临空面、软弱不同岩层的组合等因素而形成的边坡,变形产生滑坡和崩岩现象。据初步统计,全县已发生坍山滑坡并产生了危害的有 876 处,遍及全县各个地区,其中特大崩岩和隐患最严重的分布在香溪附近长江两岸的陡坡地段,坍山滑坡面积有 24km²,已崩坍 7000 多万立方米。

三、喀斯特

实习区喀斯特现象发育,常见喀斯特地貌有溶蚀峡谷、峰林、峰丛、溶沟、溶槽、石芽、石林、溶蚀洼地、落水洞、天然井、漏斗、天坑、溶洞、管道、地下河、钟乳石、石笋等。由于碳酸盐岩成分不同,结构构造及地质条件等差异,导致喀斯特发育速度及强度差异,因而空间上喀斯特发育存在较大差别。从岩性来看,可以概括为以下 3 种喀斯特类型。

(1)以灰岩为主的类型包括早三叠世、二叠纪和早奥陶世,岩性主要有灰岩、白云质灰岩、生物碎屑灰岩等,其成分方解石占 70%~90%。喀斯特相对发育,发育溶蚀的峡谷、喀斯特洼地、落水洞、溶洞、峰丛、峰林等形态。地下暗河、大泉多出露于此地层。

(2)以白云岩为主的类型包括中石炭统、上泥盆统、中上寒武统及上震旦统等。岩性以白云岩、结晶白云岩和泥质白云岩为主,喀斯特发育较灰岩差。喀斯特形态以密集的溶孔、溶隙为主,个别地方受构造等条件控制,发育小型溶洞。

(3)以泥灰岩为主的类型包括中三叠统巴东组和中上奥陶统。喀斯特发育最差,喀斯特形式以喀斯特裂隙为主,其他形式少见。

受新构造运动的影响,喀斯特在剖面上分布成层状特征,即水平溶洞分布在不同高程上,表现为与现代地壳升降运动相一致的规律性。

区内发育有一定规模的干枯溶洞,有犀牛洞、狮子洞、白岩洞、朝北洞等,洞深 50~2000m 不等,洞高 3~20m,宽 20m 以上。这些溶洞均发育有钟乳石等,洞内形态奇异多变。水溶洞、暗河、落水洞有 28 处,主要分布在青干河及九畹溪两条支流上。暗河流量 0.1~1.0m³/s,个别达 15~24m³/s。

实习区内主要喀斯特工程地质问题:①坑道喀斯特突水。当采煤平洞揭穿有水溶洞时,引起突然的涌水现象。②喀斯特地面塌陷。地下存在大面积溶空区,在地下水等作用下,产生较大面积的地面下沉塌落现象。如秭归扬林区 1975 年 8 月 9—17 日因喀斯特塌陷产生地震,地震台观测 1.0~1.9 级地震 6 次,2.0~2.1 级地震 3 次。

第九节 矿产与旅游资源

一、矿产资源

秭归及其邻区经历了漫长的地质发展历史,复杂的沉积作用、岩浆作用、构造变形与变质作用,给各种矿产提供了有利的形成条件及沉积环境,已勘探、开采矿产资源 20 多种。

磷矿是鄂西地区最主要的优势矿种,主要产于震旦系陡山沱组,属于沉积型磷块岩矿床,其次在灯影组、水井沱组及志留系中普遍有含磷反映。其中夷陵区磷矿资源丰富,主要分布在北部山区樟村坪镇,总面积 $250 km^2$,现已探明保有资源储量为 $7.7×10^8 t$,共划分为 15 个矿区(店子坪、殷家坪、丁家河、桃坪河、樟村坪 1+2 矿段、樟村坪 3 矿段、立林河、西岔河、杉树垭、灰石垭、马家湾矿段、董家河、盐池河、晓峰、殷家沟),盐池河、殷家沟两矿区已闭坑。殷家坪、立林河、西岔河、晓峰矿区为国家规划矿区,共有资源储量 $3.8×10^8 t$。

夷陵区现在矿山设计总规模为 $707×10^4 t$,实际生产能力为 $500×10^4 t/a$,共有企业总数达 28 家,其中,国有矿山 1 家(宜化花果树磷矿),乡镇矿山 10 家(分属 4 家企业,柳树沟矿业、汇鑫磷化、明珠磷化、三峡矿业),村办矿山 11 家(分属 8 家村办企业),民营矿山 17 家(分属 15 家民营企业),樟村坪镇内的矿山企业分布在北部黑良山、董家河、望江山、肖家河、西岔河一带及东北部立林河—大荒头一带,预测资源储量约为 $3.67×10^8 t$。工业磷矿层的特点为中磷层矿层,矿体呈层状产出,立林河—云霄垭、董家河以北发育,形成工业矿体,厚 1~5m,磷矿品位 15%~35%,其中杉树垭矿区、董家河矿区、立林河、西岔河矿区为主要工业矿层。

铁矿主要产于泥盆系黄家蹬组,为远滨及近海陆棚沉积,厚 0.2~1.5m,含铁品位为 26%~32%,可民采作为水泥生产中的配料。

铜、金矿主要分布于黄陵穹隆核部东南侧的断裂构造中。矿床点出露地层主要有震旦系灯影组含燧石硅质白云岩、陡山沱组薄层灰岩夹页岩,南华系南沱组冰积段含砂泥砾岩以及前南华纪富含钠质似斑状斜长花岗岩。

花岗岩矿也是本区的重要非金属矿种,矿体赋存于黄陵复式深成杂岩体内。该区花岗岩具高抗压、抗剪、抗折强度特点,耐磨、耐酸性能好,抛光后色彩纯正,光洁度好,有良好的装饰性能及观赏价值,且分布面积及块度大,开采条件好。

硅石矿主要赋存于云台观组,主要岩性为灰白色石英岩状砂岩,矿层厚度为 4~10m,连续稳定分布,SiO_2 含量一般为 96%~98%。该矿为中型耐火型硅石矿床。

石灰石矿在碳酸盐岩中分布广泛,特别是南津关组、红花园组、黄龙组及茅口组产出的石灰石均是制造水泥、石灰的优质原料。

白云岩矿在本区主要赋存于震旦系灯影组顶部,平均厚度可达 119.6m,形状规则,矿化连续性好,其他如覃家庙组、娄山关组也是白云岩矿的重要产出层位。

页岩气在实习区赋存于陡山沱组、水井沱组、五峰组、龙马溪组和沙镇溪组。2014 年,湖北省地质调查院实施的秭地1井首次在秭归地区下寒武统水井沱组（牛蹄塘组）和下震旦统陡山沱组获得明显的页岩气显示。2015年实施的秭地2井在两个目标层取得重大页岩气发现，由此拉开了该区页岩气勘查的序幕。2017年7月7日，中国地质调查局在湖北宜昌鄂宜页1井页岩气调查重大突破成果研讨会上透露，首次在形成于约6亿年前震旦系陡山沱组发现页岩气藏，为迄今全球发现的最古老地层中的页岩气藏。

二、地质旅游资源

秭归旅游景点有三峡大坝、屈原故里、九畹溪、三峡竹海、链子崖地质公园等。

1. 三峡大坝

三峡大坝位于宜昌市夷陵区三斗坪镇内，距下游葛洲坝水利枢纽工程38km，是当今世界上最大的水利发电工程——三峡水电站的主体工程、三峡大坝旅游区的核心景观、三峡水库的东端。三峡大坝工程包括主体建筑物及导流工程两部分，为混凝土重力坝，全长约3335m，坝高185m，正常蓄水位175m，于1994年12月14日正式动工修建，2006年5月20日全线修建成功。

经国家防汛抗旱总指挥部批准，三峡水库于2011年9月10日零时正式启动第4次175m试验性蓄水，至18日19时，水库水位已达到160.18m。2012年7月23日，三峡枢纽开启7个泄洪深孔泄洪。上游来水流量激增至$4.6 \times 10^4 m^3/s$。24日三峡大坝入库流量达$7.12 \times 10^4 m^3/s$，是三峡水库建库以来遭遇的最大洪峰。

三峡大坝安装32台单机容量为$70 \times 10^4 kW$的水电机组。最后一台水电机组于2012年7月4日投产，这意味着装机容量达到$2240 \times 10^4 kW$的三峡水电站，已成为全世界最大的水力发电站和清洁能源生产基地。

2. 屈原故里文化旅游区

屈原故里文化旅游区位于秭归县新县城，毗邻三峡大坝且直线距离为600m，占地面积约500亩。高峡平湖美景在景区尽收眼底。同时，以屈原祠、江渎庙为代表的24处峡江地面文物集中搬迁于此，2006年5月被国务院公布为第六批全国重点文物保护单位。该保护区主要包括以屈原祠为主的屈原纪念景区，以新滩古民居、峡江石刻、峡江古桥等为重点的三峡古民居区，以及屈原文化艺术中心、滨水景观带等景点。

屈原故里文化旅游区为国家AAAAA级旅游景区，屈原祠是该国家文物保护区的重要组成部分。屈原祠原址在秭归归州城东五里的"屈原沱"处，唐代始建，宋元丰三年（公元1080年）更名为"清烈公祠"。1976年7月，因葛洲坝水利工程兴建，迁建至归州，更名为"屈原祠"。如今，因三峡大坝建设，新建的屈原祠位于凤凰山的山梁上，面向东南，与三峡大坝正面相对，由山门、两厢配房、碑廊、前殿、乐舞楼、正殿、享堂、屈原墓等建筑组成。

3. 九畹溪漂流风景区

九畹溪漂流风景区位于三峡大坝长江南岸20km、秭归新县城向西50km处的九畹溪镇

（原秭归县周坪乡）内，总面积 60km²，是以探险为特色、以漂流为主打，兼具自然和人文景观的现代生态型旅游区。九畹溪漂流景区是国家体育总局确定的中国漂流训练基地，国家旅游局首次以漂流命名的 AAAA 级旅游区，被誉为"三峡第一漂"。

4. 三峡竹海生态景区

三峡竹海生态景区又名泗溪生态旅游区，位于湖北省秭归县茅坪镇内，距长江三峡大坝坝址和秭归县城 12km，以大溪等四条溪流而得名。

景区沿大溪水系呈树枝状分布，南北长 9km，东西宽 1km，中心区域面积 9km²，控制区域面积 20km²。景区内幽篁修竹，小桥流水，重峦叠嶂，飞瀑蒸腾，植被茂密，竹种繁多，以山、树、洞、竹、水、瀑见长，因其地理区域独特，气候温暖湿润，四季分明，自然生态环境优美，自然风景独特，被誉为三峡地区的"天然氧吧"。

5. 链子崖国家地质公园

链子崖景区位于秭归县屈原镇（原新滩镇），屹立于兵书宝剑峡和牛肝马肺峡之间，因"链子锁崖"而得名，早年名为"锁住山""锁山"。《归州志·山水》载：香溪"东流三里为兵书峡，又名白狗峡。峡南石壁中折，广五尺，相传有神力关锁，历久不坠，谓之锁山"。链子崖属国家 AAA 级旅游景区，立足崖上，西陵峡风光、高峡平湖胜景尽收眼底，一览无余。

第三章　野外装备的使用

传统的地质三大件指地质罗盘、地质锤和放大镜。随着科技的日益发达，在传统三大件的基础上，野外设备也逐渐升级，新装备如手持GPS、智能手机和平板电脑等，极大地方便了野外工作。地球信息专业还可使用无人机进行灾害遥感调查，使用装载野外数据采集系统的平板电脑进行数字填图，使用遥感影像辅助地质填图等。

第一节　罗盘的使用

地质锤、罗盘和放大镜，这三件不起眼的小工具被地质工作者亲切地叫做"三大件"（图3-1），它们的确是野外从事地质勘查工作不可缺少的装备。

罗盘即指南针，我国古代四大发明之一。地质用的罗盘是特制的，除了具指向作用外，还可以测量俯仰角、打水平，是野外测量产状和地质数据的专用工具，功能多且携带方便。了解罗盘的基本结构是正确使用罗盘的基础。罗盘通常由以下几个部件组成：磁针、瞄准器、水平刻度盘、垂直刻度盘、水准器等，见图3-2。我们通常利用罗盘测量野外物体的方位，在地形图上定位地质点以及测量面状与线状构造的产状等工作。在进行上述工作时必须了解罗盘的几种基本使用方法。

图3-1　传统三大件　　　　　图3-2　罗盘的基本结构

1.长照准器；2.刻度盘；3.长水准器；4.磁针；5.小照准器；
6.上盖；7.反光镜；8.连接合页；9.开关；10.圆水准器；
11.测坡角指示盘；12.方向盘；13.下壳体

一、方位角、坡角的测量

地质工作者在野外工作时，常常要进行野外定点和地质剖面测量，这就涉及到方位角和坡角的测量，故有必要掌握其基本技能。

1. 罗盘校正

罗盘校正是在使用罗盘之前的必要步骤，首先应检查罗盘各部件是否完好灵活，配件是否齐全；其次校正磁偏角，旋动罗盘的刻度螺旋，使水平刻度盘向左或向右转动（磁偏角东偏则向右，西偏则向左），校正后的测量读数就为真方位角。我国地处北半球，大部分地区磁偏角向西偏，秭归的磁偏角大约是西偏3°，水平刻度盘向逆时针方向转动3°即可。

2. 方位测量

方位包括两个含义，一是观测点在自己的方位（观测点的方位是未知数），另一个是自己在观测点的方位（自己的方位是未知数），两者相差180°。

当被测目标高于观测者时，观测者可将长照准合页指向目标，并略向上抬起，保持罗盘底盘水平（圆水准居中），将反光镜向上抬起，使目标通过长照准合页中线投影到反光镜中线上，如图3-3(a)所示。磁北针所指的刻度总是长照准合页所指的方位，这时应为目标点相对于观测者的方位；磁南针所指的刻度总是反光镜所指的方位，这时应为观测者相对于目标点的方位。

当被测目标低于观测者时，观测者可将长照准合页指向自己，并略向上抬起，保持罗盘水平，将反光镜抬起，使观察者在反光镜内亦可看到刻度环。从短照准合页的中孔，通过椭圆孔，看到远方目标的方位，如图3-3(b)所示，这时磁北针所指的刻度即为观测者相对于目标点的方位，磁南针所指的刻度即为目标点相对于观测者的方位。记录时包括方位度数及所在象限的名称，象限读数记录均将北和南放在前面，如SW230°。

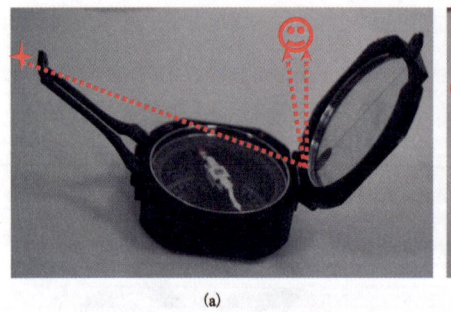
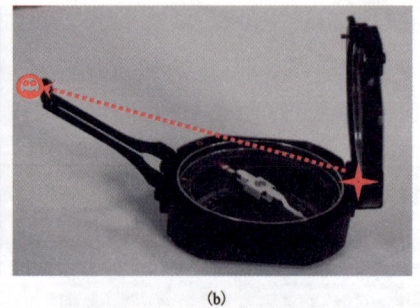

图3-3　罗盘测量方位示意图

3. 测量坡度

反光镜与底盘成45°角，底盘直立，长瞄准器对准观察者眼睛；左手托住罗盘，当反光镜透视窗的中线及坡上或坡下与眼睛等高的目标物三点呈一直线时，右手转动手把，从反光镜中观察垂直水准器，当水泡居中时读内盘角度数。上坡为正，坡度前记"＋"；下坡为负，坡度前记"－"。

二、各类产状测量

地质体产出状态即为产状,常需要测量的产状有面理产状和线理产状。

1. 面理产状测量

面理构造包括岩层的层面、断层面、节理面、褶皱的轴面等。面理构造的产状要素指走向、倾向、倾角,见图 3-4。面理构造的产状测量,以岩层层面的产状测量为例(图 3-5)。

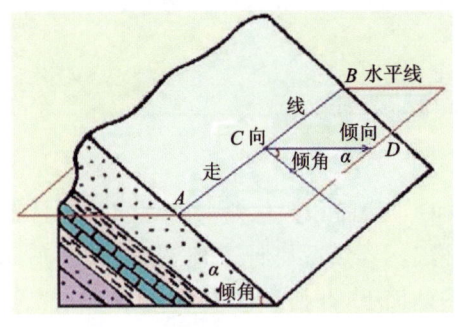

图 3-4 面状构造的产状示意图

图 3-5 岩层面的产状测量示意图

(1)测量走向:选择代表性好的岩层面,将罗盘 S-N 边的底棱与层面紧贴,保持圆水泡居中,这时罗盘与面的交线就是走向线。磁针所指度数为该岩层的走向方位角,一条直线有两个方向,故岩层走向有两个,彼此相差 180°,所以用罗盘北针或南针均可以测走向。

(2)测量倾向:将罗盘的北针指向岩层的倾斜方向,即将罗盘 E-W 边底棱和走向线重合,或用上盖背贴紧岩层面,保持圆水泡居中(罗盘水平),磁北针的度数即为岩层倾向(有时需测量岩层的下层面,此时读磁南针的度数)。

(3)测量倾角:上盖打开,将罗盘的 S-N 边放在层面上,与走向线垂直,转动测斜指示器的手把,调整长水泡居中,测斜指示器所指的刻度就是岩层的倾角,称真倾角;当 S-N 方向不与走向垂直所测倾角叫视倾角,它比真倾角小。

野外地质工作者通常只测量岩层的倾向和倾角,走向由倾向读数加或减 90°即可求得。岩层产状要素的表示方法有文字和符号两种,用方位角表示岩层产状要素时,只需记录倾向和倾角,如 NW300°∠25°,也可写为 300°∠25°(多用此种表示法),前者表示倾向是 300°,后者表示倾角是 25°。

2. 线理产状测量

线理构造包括褶皱的枢纽、断层面上的擦痕、流线等。产状要素包括倾伏向、倾伏角,或用其所在平面上的侧伏向和侧伏角来表示。以擦痕为例(图 3-6 中蓝线代表擦痕),倾伏向是指擦痕在空间的延伸方向,即擦痕在水平面上的投影线所指示的擦痕向下倾斜的方位,用方位角或象限角表示。倾伏角指擦痕的倾斜角,即擦痕与其水平投影线间所夹的锐角,如图 3-6

中 γ 角。当擦痕包含在某一倾斜平面内时,擦痕与该平面走向线间所夹的锐角即为擦痕在该面上的侧伏角,如图 3-6 中的 α 角。

(1)线理要素侧伏向和侧伏角测量:侧伏向即是线理所在平面走向方向(小于 90°走向方向),可用罗盘直接测量。具体方法是直接将罗盘长边紧贴平面,长照准器指向锐角方向,同时使圆形水泡居中,北针方向度数即是侧伏向。侧伏角 α 可用量角器量取。

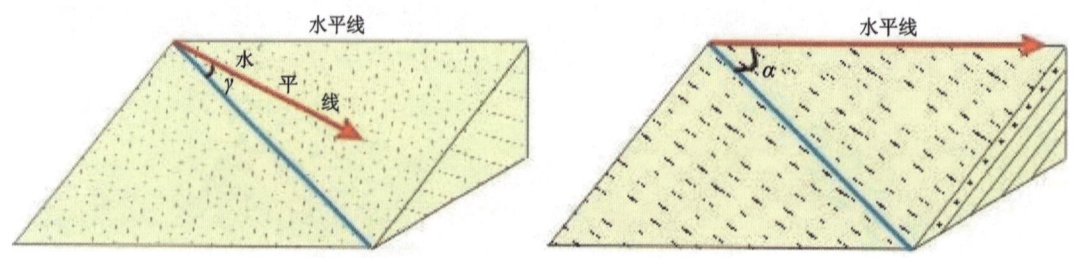

图 3-6 线状构造的产状示意图

(2)线状要素倾伏向和倾伏角测量:线状要素的倾伏向和倾伏角要在铅直面内测量。实测方法是借助野簿,将野簿的一长边紧贴于线状构造上,然后使野簿直立,如图 3-7 所示。测量倾伏向时,将罗盘侧面(长边)紧贴于记录本的一侧面上,并使罗盘水平,当长照准合页指向线状构造的倾伏向时,磁北针所指的刻度即为倾伏向。测量要点如下:将野簿一边紧贴于被测线状要素上,保持野簿直立,将罗盘一侧紧贴于野簿上并保持罗盘底座水平。若长照准合页指向倾伏向一侧,则罗盘磁北针指数即为倾伏向。若反光镜指向倾伏向一侧,则罗盘磁南针指数为倾伏向。测量倾伏角时(图 3-8),将罗盘侧面(长边)紧贴于野簿的上边,并使罗盘直立,转动长水准,并使水泡居中,此时角度刻度盘的读数即为倾伏角。测量要点如下:将野簿一边紧贴于被测线状要素上;保持野簿直立,将罗盘一侧紧贴于野簿侧面上,长水准在下方,并保持罗盘底座直立;转动长水准,使其水泡居中,读取角度刻度盘上的刻度,即为倾伏角。

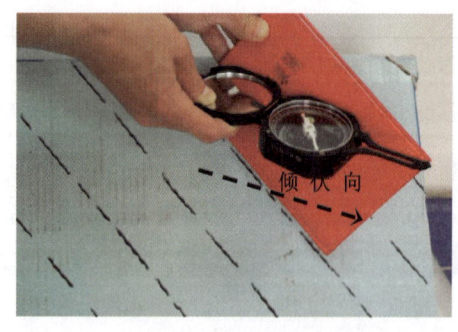

图 3-7 测量倾伏向示意图

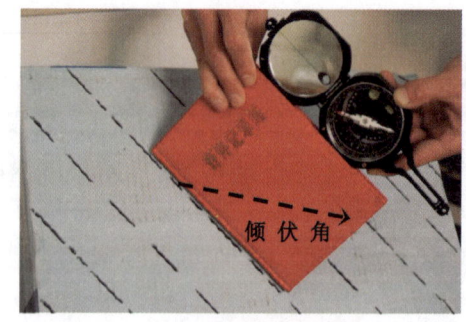

图 3-8 测量倾伏角示意图

当面状要素凸凹不平或线状要素曲折不直时,要设法取其整体方位,而不要受局部干扰,这时野簿是常用的借助工具。

第二节 地形图的使用

一、纸质地形图的使用

1. 读地形图

拿到一张地形图，首先要知道地形图的比例尺和等高线间距的高差。比例尺取决于工作的性质和目的，1∶25 000 地形图对地质工作者来说属中等比例尺，主要用于小范围、精度较高的地质测量，等高线间距高差为 10m，再看村庄、道路、最高山峰、山坡、山沟、山脊等，进一步分析山形、水系的规律。

2. 地形图定向

使用地形图时，首先要确定地形图的方向，只有这样才能把地形图上的地形和真实山形对应起来，定向有两种方法。

(1) 用罗盘定向：将罗盘的南北一边与地形图在图框南北方向平行，再轻轻放松磁针，转动地形图直至罗盘北针指向北极，则此时地形图就与实际方位一致了。

(2) 根据已知标志定向：当地形图上有一与地面相同的标志，如道路、村庄或其他地物，此时转动地形图使它们重合，地形图的方向就确定了。如果没有明确的标志，就利用两个山头（或其他目标物）连线来确定。

3. 在地形图上定点

定点就是要把地质现象（地质界线、构造现象、矿体等）标示在地形图上，以便后人寻找。常用的定点方法有下列几种。

(1) 地形地物法：利用明显地形、地物定点。首先登山望远，先远后近，先大后小，先已知、后未知，对地形、地物了如指掌。当地质观察点位于冲沟沟口、河流转变处、山顶、山脊、鞍部、坡度变化处、道路交叉处、村庄、桥孔等，这时就可准确地确定地质点的位置。

(2) 当地质点的位置不是正好处于上述明显的地形、地物附近，而是有一段距离时，则可采用方位加距离或方位加高程的方法来辅助定点，即用罗盘测定此点位于明显地形、地物的方位（用量角器画在地形图上），距离可目估或步测获得。然后，在方位线上按比例截取线段，其交点为所定的地质点。高程测量可借助于常见的地物，如已知高程的山头、树高、房屋等。

(3) 后方交会法：当观察点处的地形、地物特征不明显时，可用后方交会法。首先，选择附近明显的 3 个已知点（3 个已知点间要有一定的夹角），如图 3-9(a)，分别测量观察者位于 3 个已知点的方位（知彼不知己，读南针）；其次，在地形图上分别以 3 个已知点为起点，按已测得的方位读数绘出 3 条直线，如图 3-9(b)。3 条直线构成一个三角形，通常三角形的中心即为观察者所处的位置。

为了使点的位置标定正确，应尽量结合上述方法相互校正，但以地形地物分析最常用。

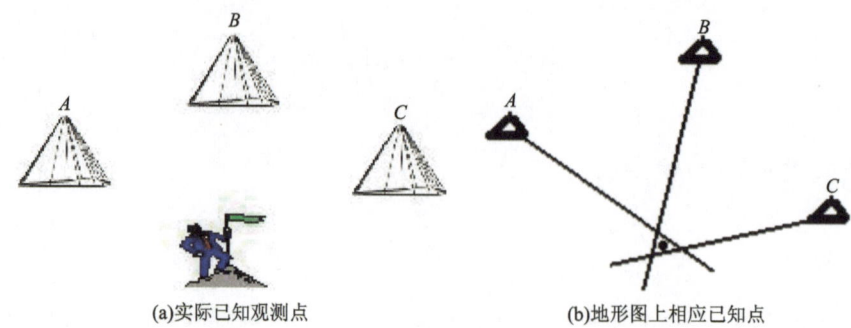

(a)实际已知观测点　　　　　　　(b)地形图上相应已知点

图 3-9　后方交会法

二、数字地图的使用

数字地图可借用相关软件来使用,现有方便使用的软件种类较多,如百度地图、高德地图、奥维互动地图等。每种软件特点不一,各有所长。由于秭归实习区地处山区,对比其他软件,奥维互动地图(使用的是 Google 卫星影像)有着全国范围的乡村高清影像。本书以奥维互动地图为例进行介绍。

1. 下载地图

在手机端可下载并安装奥维互动地图 APP。该软件有多种地图格式可供选择,如 Google 卫星混合图。在野外工作之前,可在有网络的条件下下载工作区地图到手机端,以供野外离线浏览使用。如图 3-10 所示,下载地图区域东到实习区链子崖危岩体,西到宜昌市区。

图 3-10　秭归实习区域奥维互动地图

2. 定位

进入奥维互动地图的主界面,点击左下角的定位图标即可定到当前所在位置(蓝色箭头)。主界面的右下角,"＋"表示放大图像,"－"缩小图像,也可以用手滑动放大缩小。

3. 记录路线轨迹

点击左侧中间的图标,开始记录路线轨迹。路线上的教学终点为路线终点,开启导航功能,记录下导航路线即可。记录路线轨迹时,手机需要始终打开奥维软件,中途退出会导致轨迹出现直线(手机接收不到 GPS 信号时也会出现)。这样的情况下,可以删除这条路线,重新手绘或者用点位导航来生成路线。

4. 路线行进过程中定点

在行进路线中,如何记录点位呢?以身处基地定点为例(图 3-11):

(1)点击图 3-11(a)界面右侧中间的图标,图中基地处将出现 1 个红点;

(2)点击红点,则红点上方出现 3 个可选条[图 3-11(a)],点击左边放大镜出现搜索周边[图 3-11(b)];

(3)点击中间的日期出现编辑点的信息[图 3-11(c)],名称显示可以选择显示风格为"带框显示";

(4)将点的名称记录为路线-序号,点击右上角的保存,可以看到点的名称已经规范化为 L1-01[图 3-11(d)]。

图 3-11 奥维互动地图软件定点示意图

第三节 野簿记录

一、野簿的记录格式与内容

地质人员在野外很重要的工作是把观察到的地质现象准确、清楚、系统地在现场记录下来。野外记录是最宝贵的第一手资料,因此必须认真对待。野外记录需记录在专用的野簿上,并且要按一定的规格使用铅笔记录。野外记录很少,回到室内凭印象补记,或者野簿记录简单、潦草、杂乱,或用其他笔记录等,都是不符合要求的。

翻开野簿,左页方格厘米纸用作画图,如素描图和剖面图等;右页横格纸用作文字记录,两者相互配合、补充。地质素描图和信手剖面图要有图名、比例尺、方向、图例及文字说明。图页要求内容正确、结构合理、清晰、美观。

  日期(年 月 日) 天气(晴、阴、小雨等) 地点(野外基站)

  路线:自_____经_____至_____

  手图号:

  航片号:

  任务:_____岩区(或地层分布区)主干(或一般)穿越(或追索)路线地质调查;

    追索_____断层(或_____层)

  人员:_____(记录);_____(手图与航片)

  点号:_____(如 No.01)

  GPS 坐标:经度_____纬度_____高程_____

  点位:_____村(或高地)NE35° 460m 处小路东侧

  露头:人工采场(或天然),良好(或一般、差等)

  点义:地层界线点、构造观察点、化石点、岩性岩相观察点等

  描述:

    点 E 为……(岩性、岩相、古生物、构造、矿化、地貌、生态环境等)

    点 W 为……(岩性、岩相、古生物、构造、矿化、地貌、生态环境等)

    接触关系(依据、性质)

遥感影像图上的特点(仅对要求建立遥感解译标志的地质路线进行遥感影像的描述与记录)

  标本(或样品):样本编号

  照相:照片编号

    (注意:所有主干穿越路线必须有信手剖面,追索路线视情况而定)

  点间:(1) $No.01^{SE+50m} 50m$:沿途为……

    (2) $50m^{S+110m} 160m$:沿途为……

    于 80m 处采集标本:(标本号如 B001-1)

    (3) $160m^{SSW+320m} 480m$ No.02:沿途为……

  路线小结:[当日路线结束后必须认真撰写小结,小结含三项基本内容:一是对当日路线工作量的统计(路线总长、地质点个数、素描图个数、照相数量、各类标本采集数量);二是对当日路线的地质认识;三是对存在问题及对相邻工作路线的工作建议]

对以上记录格式的补充说明：

(1)野簿的右面作文字记录，左面作素描图、路线剖面或附贴照片，必要时也可作简要文字批注或补充记录。

(2)每天开始一页应记录日期、地点、天气状况。

(3)路线。只在每条路线开始时记载，除编号外，要写上当天路线所经过的主要地点。

(4)任务。指当天工作的主要任务。

(5)点号。即观察点的顺序编号，首先准确标在地形图上，用直径2mm小圆圈闭；然后在野簿上另起一行居中用No.01表示，并用方框框住。

(6)GPS坐标：观察点在地形图上的经纬度与高程。

(7)点位。应以观察点附近的高程点、村庄或其他固定地物作标志。标明与已知点的方位、距离及本点高程和地貌特征，如位于马鞍山217高地NW310°方向，142高地NE15°方向山脊上，高程120m。

(8)露头。指观察点处地质现象露头种类和风化程度评价。

(9)点义。注明该地质观察点的性质、属性，主要为地层界线点、岩性分界点、岩性控制点、构造观察点等。

(10)描述。描述观察点地质现象。如界线点，应对界线两侧岩性分别描述，同一侧的地层按由老到新(下一上)的顺序描述，并描述两者接触关系及证据。对断层点，除分别描述两盘岩性、产状外，要重点描述断裂带特征、产状及力学性质。

(11)产状标记方法(记录或信手剖面)。如层理140°∠30°；次生面理50°∠40°，可在产状前注明S_0、S_1、S_2……或糜棱片理等；断层120°∠45°；节理320°∠70°；轴面A40°∠50°；枢纽$Fh30°∠60°$；线理$L300°∠10°$等。产状和样品单独占一行。

(12)摄影资料记在相应地质观察记录之后，应注意照片编号、摄像对象和内容及方位，凡图上有路线通过的地点必须有文字记录。

(13)点间。主要说明该点至下一个地质观察点沿途的地质特征，以该点作为起点，注明行进方向、距离、地质现象及变化情况等。

(14)工作小结或次日的观察记录应另起一页。野簿内不得记录与野外地质调查无关的内容。

二、野簿记录质量评定标准

野簿的记录质量根据以下标准予以评定：

(1)记录格式10分(共10项，每项1分)。路线、任务、点号、坐标(GPS)、点位、点性、露头、描述、点间和路线小节。

(2)记录内容50分(每项10分)。描述是否准确、内容是否充分、文图是否对应、产状数据是否完善、是否整理着墨。

(3)信手剖面图及素描图40分(每项8分)。图名、比例尺和方位、岩性花纹、产状和地质体代号、图例是否准确合理。

第四节　无人机的使用

无人驾驶飞机简称无人机,是利用无线电遥控设备和自备的程序控制装置操纵的不载人飞机。按应用领域分为军用与民用。地球信息科学与技术专业现在使用的是民用无人机——大疆精灵 Phantom 4 Pro(图 3-12)和铂金御,主要用于地质灾害调查。由于无人机技术日新月异,读者在阅读本教材时,切不可受教材内容的限制。下面以大疆精灵 Phantom 4 Pro 为例进行讲解。

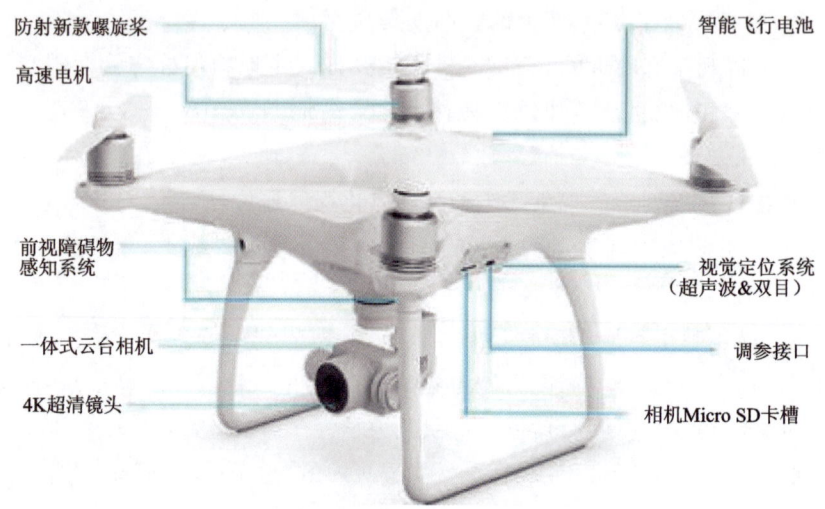

图 3-12　大疆精灵 Phantom 4 Pro 无人机

一、无人机的基本结构与室内准备工作

无人机由机身、相机、云台、可视遥控器组成。有的遥控器没有搭载屏幕,可以连接智能手机进行操控。起飞之前需要学习相关操控技能,并做好相应的室内准备工作。

(1)电量检查与开关机。如图 3-13 所示,短按电源键 1 次检查电量。短按 1 次,再长按 2 秒可开启、关闭飞行器电池或遥控器。该操作适用于大疆所有产品。一般来说,单块电池的飞行时间维持在 20~30min 之间,加上返航操作,可自由支配的时间不够充裕,因此需配备多块电池,并确保外出飞行前各个电池及遥控器的电量充足。

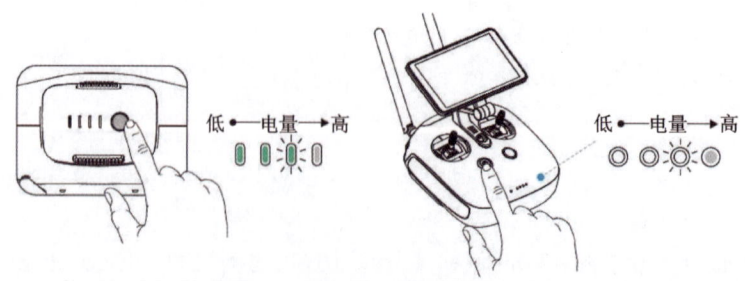

图 3-13　电量检查与开关机示意图

(2)充电。智能飞行电池由 0 充满电约需 1h,遥控器由 0 充满电约需 3h。充电时,当智能飞行电池指示灯、遥控器状态指示灯熄灭,表示电量已充满。大疆精灵 Phantom 4 Pro 的电池飞行时间约 30min,可使用电池管家同时充 3 块电池,以作飞行备用,详见图 3-14。

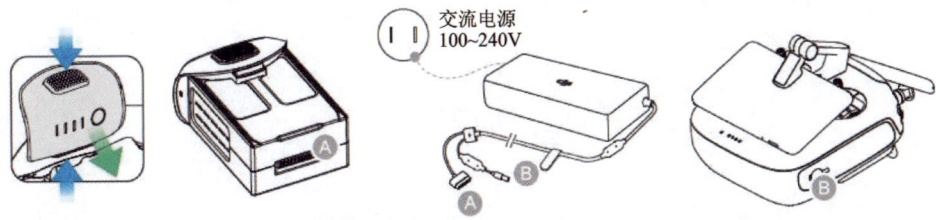

图 3-14 充电示意图

(3)软件版本检查。国内外无人机发展迅猛,相关的法律制度在不断跟进改善中,因此无人机的相关功能会有较快的更新。为保证无人机的飞行安全与国家的信息安全,要保证无人机固件、APP 固件的版本为最新状态,避免出现黑飞、无二维码、禁飞区起飞等违反法规的情况。

(4)离线地图的下载。野外飞行过程中飞行器常常会出现飞出视线范围的情况,为及时了解飞行的所在位置,需要实时查看电子版地图,而利用手机流量进行离线地图的下载耗费流量大,且在偏僻位置时无法加载地图,因此需在室内提前准备好飞行地区的电子版地图。

(5)连接检查。部分飞行器存在手机直连与遥控器连接两种连接方式,不同的连接方式操作不同,且切换连接方式时需要重新对频,因此应在室内选择好连接方式,保证连接的畅通后带出野外进行飞行。

(6)飞行计划制定。根据需要获取的内容以及飞行器有限的飞行时间,需要制定初步的飞行范围、飞行线路、拍摄点,防止在野外获取数据质量较差、获取的时间过长导致无人机电量耗尽等问题。

(7)摇杆操作。摇杆操作方式默认为"美国手"方式,左摇杆控制飞行高度与方向,右摇杆控制飞行器前进、后退以及左右平行飞行(图 3-15),云台俯仰控制拨轮控制相机的俯仰拍摄角度。

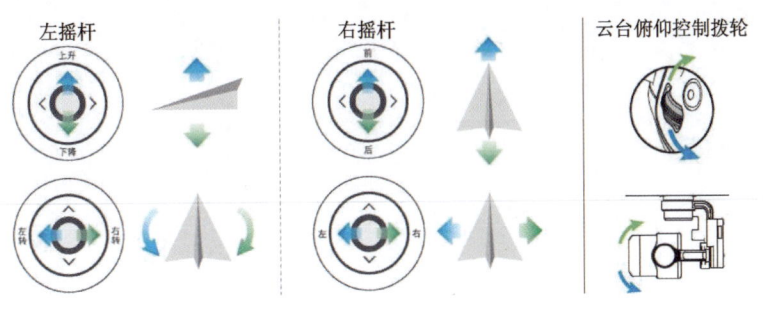

图 3-15 摇杆操作示意图

(8)起飞与降落。手动起飞与降落如图 3-16 所示。自动起飞与降落,需进入 DJI GO4 应用相机界面(图 3-17)。

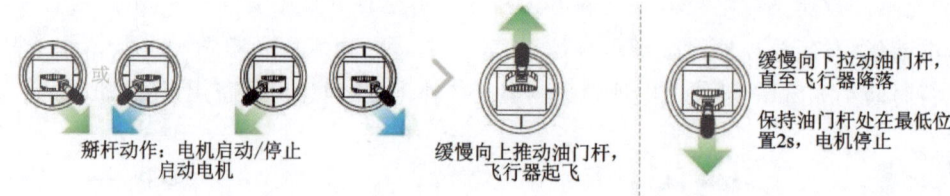

图 3-16　手动起飞与降落示意图

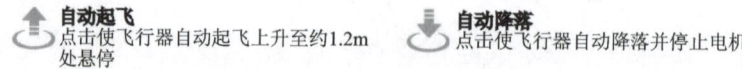

图 3-17　自动起飞与降落示意图

二、无人机的野外基本操作

在进行无人机路线教学时,尽量选择晴朗天气,做好前述室内准备之后,才能开始飞行。操作顺序:检查起飞环境、安装螺旋桨、卸载云台固定器(一般固定器有两个)、遥控器开机、飞行器开机,进入 DJI GO 或 DJI GO4 应用、等待飞行器自检、进入飞行界面并起飞、空中拍摄、降落、关闭飞行器与遥控、安装云台固定器、拆卸螺旋桨。

(1)起飞环境检查。起飞环境需满足以下要求:①在禁飞区范围外;②尽可能地贴近目标飞行范围;③地面平坦、开阔;④上部无遮挡物;⑤远离高压电线、铁塔等高电磁辐射体;⑥远离人群。

(2)螺旋桨的安装与云台固定器卸载。如图 3-18,将桨帽有黑圈的螺旋桨安装到有黑点的电机桨座上,将桨帽嵌入电机桨座并按压到底,沿机臂上显示的锁紧方向旋转螺旋桨至无法继续旋转,松手后螺旋桨将被弹起锁紧,将桨帽有银圈的螺旋桨用同样的方法安装至没有黑点的电机桨座上。

云台固定器主要用于防止云台在运输途中的摇晃,保护云台各个关节与相机的安全,而在飞行途中云台与相机处于工作状态,为电机控制消除机身抖动,不卸载云台固定器将造成云台过载,从而导致云台的损坏。

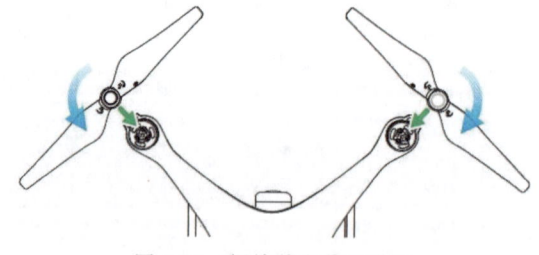

图 3-18　螺旋桨安装示意图

(3)传感器校准。根据飞行地点的不同,飞行器的指南针会存在需要重新校准的情况,如矿区需要重新校准飞行器指南针。传感器的校准较为简洁,按照 APP 界面的提示完成相关操作,直至显示校准成功后即可。

(4)完成飞行目标。根据室内的初步飞行计划以及现场的实际情况完成目标数据的采集。飞行过程中尽量保证无人机在实现范围之内,且尽量远离周围的高山、楼房、鸟群等危险区域。飞行过程中还应时时注意飞行器剩余电量,保证足够的电量用于返航。

(5)返航与降落。当飞行电量降低至智能返航点时应及时返航,保证飞行器的安全。返航前应先将飞行器上升至安全高度,返航时可首选自动返航操作。当飞行器飞行至目视范围内时,可根据降落点周边环境改为手动操作。降落时注意保证人员与飞行器的安全距离。

三、安全操作注意事项

(1)限飞高度与限飞距离。设定合适的限飞高度与限飞距离,能够保证飞行器的飞行安全,降低飞丢、炸机等情况出现的可能性,这两个参数可在 APP 中进行设定。

(2)低电量提示。设置合适的低电量提示能够在飞行器电量不足时,在遥控器端进行持续提示,保证操作人员保留足够的返航电量。

(3)返航高度。设置合适的返航高度,能够保证飞行器在自动返航操作时,先上升至安全高度后再返回,降低返航途中的炸机风险。

(4)空中紧急停机。该操作为紧急状况下的非正常操作,禁止用于一般情况。空中停机操作方式为向内拨动左遥杆的同时按下返航键。空中停机将会导致飞行器失去动力,自由坠落,仅限特殊情况发生时(如飞行器失控撞向人群)使用。

关于无人机的具体操作与 APP 的使用方法较为复杂,介于篇幅控制,无法详细介绍每个使用细节,并且无人机更新换代较快,新型号的具体操作与 APP 详细功能介绍请参见大疆创新官网服务与支持板块:http://www.dji.com/cn/support。

四、斜坡灾害无人机野外调查操作

在选定调查对象并安装无人机后,采用如下步骤进行航飞调查。本书以手机端 APP 的 Alizure 为例讲解基本操作。

(1)在 DJI 官方应用 DJI Go 中调整相机参数,选择"Altizure",点击"Capture"采集。

(2)进入操控界面后(图 3-19),切换到当前地图所需的地图模式,中国大陆用户请切换到高德地图,使用 GPS 定位到当前位置。

图 3-19 无人机的操控界面

(3)设定飞行高度(图3-20),滑坡限制高度应根据实际情况考虑。无人机飞行限高500m,而测绘过程中,飞行器高度也应高出滑坡后壁一定高度,因此起飞场地与滑坡后壁高差不宜超过400m,室内策划方案时应注意滑坡前后缘高差与起飞场地的选择。

图 3-20　设定飞行高度

(4)设定飞行区域,检查飞行路线并调整区域的位置(拖动区域)、大小(拖动控制点)、飞行方向(双指旋转)(图3-21)。

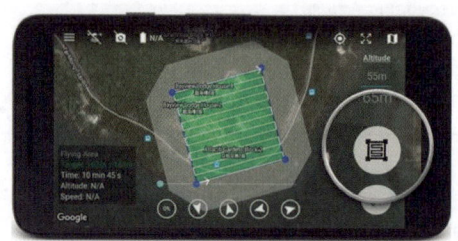

图 3-21　设定飞行区域与路线

(5)检查区域设置,确认路线。路线确认后会保存起来,以后可以在任务管理窗口中重新加载,如图3-22所示。

图 3-22　确认飞行路线

(6)分别选择5个不同角度的拍摄路线并起飞。拍摄第一条路线可保证基本的三维和鸟瞰图生成,完成5条路线拍摄可获得最佳三维效果。

【注意事项】较多滑坡后缘处于半山腰或更高处,此时若使用软件自动规划路径,则不可避免地有一条或多条航线导致无人机与山体发生碰撞。此时应转换为手动操控,并在室内尽可能地设计多套方案,以备室外所需。

(7)按右下角起飞图形按钮,确认相关设置后起飞即可(图3-23)。飞机会自动完成航线,在完成后或者电量低时自动返航。

图 3-23　确认起飞

【注意事项】飞行线路的选取取决于滑坡的地形地貌、滑坡形态、模型精度等因素,下面作详细阐述。

(a)建模精度取决于照片信息。即相对飞行高度越低,模型精度越高;但飞行高度越低,航线越密集,可测绘范围越小。因此飞行高度的选择应权衡好精度与测绘范围。

(b)开阔地貌。即滑坡周边一定范围内无高山、建筑物、灯塔等危险体时,首先用软件自动规划路径的方式完成测绘工作,完善的 5 条航线设计能较高质量地完成建模过程。

(c)危险地貌。即滑坡位于半山腰、山脚、城市高密度建筑区等飞行危险地区时,尽量选取手动操控的方式,当条件较为复杂时可选择性地放弃其中 1~2 条航线,但必须保证最低 3 条航线、最少 1 对航线立体相对的要求,保证三维建模的基本需求。

(d)滑坡形态。根据滑坡的长宽比确定飞行次数。长条状的滑坡可进行 3~4 次不同地点的飞行测绘工作,每次的飞行线路选择请参照前 3 条,并保证多次测绘时飞行高度的一致,为后期建模时的精度一致作基础。

(e)特殊地貌。部分圈椅状滑坡会出现航线中的死角区域,常规航线飞行完毕后应针对死角区域添加附加航线。附加航线为手动操作,针对死角区域进行多方位、多俯仰角的拍摄,无固定航线或精度要求。

(8)进行操作飞行。按照前面的步骤完成起飞的基本操作,若利用第三方 APP 自动规划航线则开启第三方 APP,按照飞行计划,此时需要注意的是后 4 条航线会因为摄像头角度偏离目标区域一定范围,因此在飞行前需要首先确保 APP 中灰色区域内的飞行安全,然后启动飞行计划。Phantom4 Pro＋与 Phantom4 Advanced＋两款机型在手动操作过程中应注意以下几点:①保证左右航线、拍照点位于同一高度;②每套航线中尽量保证摄像俯仰角度一致;③地形复杂区域尽量从多方位、多俯仰角度拍摄,确保后期数据处理的质量。

(9)数据处理。取出飞行器机身 SD 卡导出原始图片,APP 中的缓冲图片质量较低,不建议使用。

(10)三维建模。

(a)云端建模。进入 Alizure 官网,免费注册账号并登陆;新建项目并命名该项目;上传飞行航片,根据账号分别有免费版与收费版的区别,具体区别可在新建项目页面查看;等待云端处理,并返回结果,一般时长在 1~3h;进入页面浏览三维模型;付费下载该模型(图 3-24)。详细云端功能与收费信息进入 Alizure 官网(https://www.altizure.com/pricing)查看。

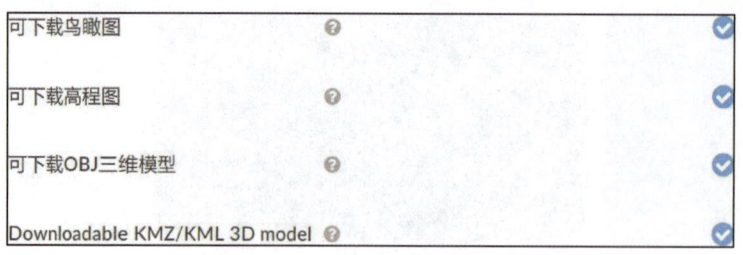

图 3-24　可下载的图类型

(b)本机端建模。本机端建模软件众多,如 Pix4D Mapper、Smart3D、Photomesh 等,本书讲解 Pix4D Mapper 的基本操作:进入 Pix4D Mapper 官网注册账号,下载并安装该软件;新建项目,命名项目并选择存储路径,注意文件夹路径与命名均不能含有中文字符;添加飞行航片,选择坐标系;选择建模类型;根据不同的建模类型,得到的结果与处理时长均不同,一般选择三维地图或三维模型,前者比后者多输出一副正摄影像,航片数量在 100 张左右时,三维地图处理时长约 4h,三维模型处理时长约 2h;导出结果,此步骤需要购买软件的正式版本,购买地址为 https://pix4d.com.cn/cloud_pix4d_store/cloud.pix4d.com/store/store.html。

第五节　野外采集系统的使用

在前期野外路线教学时,除了使用罗盘确定方位、按教学要求记录好野簿之外,还可以使用手机上的地图导航软件,进行详细的点位、路线记录。后期的独立填图,配合使用了装载数据采集系统的平板电脑,进行数字填图,并将点位文件通过数据采集系统桌面端进行数据转换,导入到专业地理信息系统软件 ArcGIS 中,进行计算机制图。

下面介绍手机地图和野外数据采集系统的基本使用方法。数字填图使用的软件有很多,本书以中国地质调查局地质环境监测院开发的一款数据采集系统为例进行讲解。

(1)数据采集系统的功能介绍。软件分为移动端和桌面端。桌面端用于图幅数据准备工作、后期野外调查数据的回收和转换等处理工作。移动端用于野外调查,对调查区域进行点位记录、录入调查表格、实体勾绘、拍摄照片等。

(2)室内桌面端数据准备。在进行野外调查之前,需要事先准备好调查区域的地形图。使用桌面端新建图幅数据,开始调查数据的准备工作,再连接平板与电脑,使用桌面端的连接助手功能,将新建的图幅数据下发到平板。

(3)野外移动端数据采集。野外数据采集包括地质灾害点、地层界线点、岩性控制点等的信息记录以及照片等附件信息的采集。

(4)从移动端回收数据到桌面端。首先连接平板与电脑,右上角显示平板所有图幅项目,在前面打勾处选择回收项目,即从平板导入进电脑。

(5)桌面端数据转换。在主界面点击"数据转换"功能,选择需要进行数据转换处理的已调查图幅数据,系统将自动罗列出选中目录下野外移动端采集的数据,通过筛选功能选择需要进行转换处理的数据,点击"转换"按钮,就可一键转换并导出.shp 矢量数据、.mdb 数据库、轨迹矢量图和照片等。

第四章　基础理论与技术方法

本章介绍地层与岩石的基础地质理论和野外观察方法、地质构造的基础理论与野外观察方法、崩塌与滑坡地质灾害野外调查方法、遥感地质解译法、数字化地质填图工作方法和基于地理信息系统的地质制图方法等。

第一节　地层与岩石的基础地质理论和野外观察方法

一、地层

1. 地层野外调查的基本要领

通常将具有一定岩性内容的层状地质体称为岩层,当涉及探讨其先后顺序、地质年代和组成填图单位时,就称为地层。地层和岩层这两个名词相似,但地层具有特定地质时代的涵义。因为地层是在一定时代形成的,或新或老,每一层或每一组都有它形成的时代或年龄,而岩层则往往是泛指各种成层的岩石,例如砂岩层、灰岩层等,不必强调时代的概念。简言之,地层是具有时代含义的一层或一组岩层。

野外调查中,需全面收集各类地层资料,有步骤地观察。观察的着重点应放在地层及构造方面。地层方面的内容包括岩石名称、岩性特征、产状、所含化石、各层之间的接触关系、岩层的厚度及其他特点等。如遇火成岩,则还应观察岩体与岩脉的形态、穿插关系,火成岩与沉积岩的先后关系或两者接触处的变质现象。如遇变质岩,还要描述变质类型、变质级别及变质带等。构造方面的内容包括断层、节理、褶皱的几何特征及其类型、区域构造线的方向等。综合上述观察的内容,可以判断地壳运动的性质、演变的历史以及当地大地构造所处的构造单元的部位。

野外露头观察首先是选好路线和剖面。一般而言,剖面线方向应尽量与地层的走向方向垂直或大角度斜交。这样可以用最少的时间、最短的距离,看到最多的内容。基本上可以通过穿越几条剖面的方法了解到区域地层分布的面貌,岩石的类别、特征与构造的格局等。

如遇有矿点或矿化现象,应观察矿物的种类何者为主、何者为次;可能的成因类型、类别,估计其矿体范围及经济价值。野外还可以观察小地貌现象,主要是注意岩性特征与构造地质这两方面对当地地貌的影响,例如沟谷与断层的关系、悬崖与断层的关系、山坡形态与岩层倾向的关系以及与岩石性质的关系等。如在灰岩地区,注意洞穴有无成层性现象,如果存在,则可考虑当地在近期内地壳上升的节奏性运动及岩溶的形成过程与自然环境的关系等。如在火山岩、花岗岩或其他坚硬岩层发育地区,要特别注意裂隙系统与塑造山形水流的关系。

野外观察时,边走、边看,随时做记录,绘制信手地质剖面图,及时素描或摄影,把特殊的地质现象或具有特殊意义的地质现象以附图的方式描绘下来,一幅清晰的图件经常起到胜过文字的作用,并能提高工作效率。更重要的是,信手剖面必须随着前进的步伐而随时描绘下来,哪怕是不很准确的、示意性质的描绘都能起到重要的作用。所以,一位技能全面的地质工作者,应该在绘画技巧方面有所训练。

野外观察还有一项重要的工作,就是采集标本。采集岩石标本、化石标本、矿物标本及构造标本的目的是为了进一步确定(带回室内研究)该地层的年代、岩石的名称、构造的特点,掌握沿途地质情况,为下一步工作设计方案。不管何种目的,采集标本时都应注意对环境的爱护,不要破坏自然景观或违反当地的管理规定。

2. 沉积岩的野外描述要点

沉积岩是分布于地表的主要岩类。它种类繁多,岩性变化较大。在实际调查工作中,首先应观察沉积岩系总的关系及构造情况,尤其是大型构造(如侵蚀面、区域褶皱、大断层等);然后仔细观察露头岩石的颜色、成分、结构与构造,给岩石以恰当的命名;再看各种沉积构造、生物化石;最后确定岩层的顶底面和岩层间的接触关系,建立地层的基本单位,进行地层划分对比。

野外识别沉积岩,最显著的宏观标志就是层状构造,即层理。据此,很容易与火成岩、变质岩相区别。根据沉积物的来源、岩石结构、构造和物质组成,可进一步区分出次一级的类别。凡具碎屑结构,即碎屑粒径大于 0.005mm,被胶结物胶结而成的岩石,是碎屑岩;凡具泥质结构,即粒径小于 0.005mm,质地均匀、较软,有细腻感,属泥岩,主要由黏土矿物组成的泥岩称为黏土岩,具页理构造的泥岩是页岩;凡具化学和生物化学结构,多为单一矿物组成的岩石,是化学岩和生物化学岩。由于各类沉积岩的岩性差别,因此在鉴定方法上也不相同。

沉积岩主要包括陆源碎屑岩、生物化学-生物有机岩、化学沉积岩和火山碎屑岩四大类,分别对应的主要岩石类型见表 4-1 所示。

表 4-1 主要沉积岩类型表

他生		自生		
陆源碎屑岩	火山碎屑岩	碎屑-生物-化学岩	化学岩	有机岩
泥岩(页岩)、粉砂岩、砂岩、砾岩和角砾岩	凝灰岩、角砾岩、集块岩	碳酸岩、磷质岩、铝质岩、铁质岩、硅质岩	蒸发岩、锰质岩、铜质岩	煤、油页岩

对地层而言,首先要观察的是岩层中各类单层的岩性特征,即岩石的颜色、成分、结构(包括颗粒的粒度、分选和磨圆)及构造(单层厚度)(表4-2)等,才能正确识别和描述各类单层的岩性特征。表4-3～表4-6分别列出了实习区常见的几类岩石的野外观察与描述要点。通常,在野外所见的地层序列常常由3种或3种以上特征不一的单层组成,其组合方式部分很有规律,如各种旋回沉积序列,称为有序多层式(表4-7)。部分组合方式没有一定的规律,则称为无序多层式,如非旋回沉积。通常用图示更能反映地层结构或基本层序。因此,在野外必须对地层结构进行详细的观察、测量、素描或照相。

表4-2 地层单层厚度分类表

类别	块状	厚层	中厚层	中层	薄层	微薄层
厚度/cm	>300	100～300	50～100	10～50	1～10	0.5～1

表4-3 泥质岩野外观察与描述要点

序号	观察项目	观察及描述要点
A	颜色(原生色及风化色)	灰色、红色、绿色、杂色斑点等
B	岩层厚度	极薄层状、薄层状、中层状等
C	裂开情况	易成页片(页岩);不易成页片(泥岩);块状、土状;易成板状、易裂开(板岩)
D	沉积构造	层状或纹层状、水平层理、生物扰动或块状
E	非黏土矿物	含石英、云母、钙质、石膏、黄铁矿、菱铁矿等及其含量
F	有机质	富有机质、沥青质、碳质、不含有机质等
G	化石	含化石,如笔石、介形类、植物及其埋藏、保存状况等

表4-4 砂岩野外观察与描述要点

序号	观察项目	观察及描述要点
A	颜色(原生色)	白色、灰白色、灰色、绿色、黄褐色、红色、杂色等
B	岩层厚度	薄层状、中层状、厚层状、巨厚层状等
C	颗粒	成分(岩屑、石英、长石等)与含量、粒度、圆度、分选性、成熟度; 成分(黏土、细粉砂等)、杂基含量
D	杂基	结构(非晶质、隐晶质、晶质);类型(基底式、孔隙式、接触式、镶嵌式)
E	胶结物	如含海绿石、菱铁矿等; 层顶面构造(波痕、干裂、剥离线理、雨痕、虫迹及足迹等)
F	特殊矿物质	层底面构造(槽模、沟模、压刻模等)
G	沉积构造	层内构造(各种层理、结核、潜穴、钻孔等)
H	化石	腕足类、双壳类、植物及其埋藏、保存状况等

表 4-5　砾岩野外观察与描述要点

序号	观察项目	观察及描述要点
A	颜色（原生色及风化色）	白色、灰白色、绿色、黄褐色、红色、杂色等
B	岩层厚度	薄层状、中层状、厚层状、巨厚层状等
C	砾石成分	岩屑、石英、燧石、石灰石及其含量等
D	杂基或胶结物	杂基成分、含量；胶结物成分、结构及类型
E	砾岩结构	粒度、圆度、分选度、成熟度
F	沉积构造	平行层理、交错层理、叠瓦构造等

表 4-6　碳酸盐岩野外观察与描述要点

观察项目	观察及描述要点
颜色	灰白色、浅灰色、灰色、深灰色、灰黑色、黄绿色、红色等
成分分类	灰岩(方解石 95%～100%,白云石 0%～5%)； 含白云质灰岩(方解石 75%～95%,白云石 5%～25%)； 白云质灰岩(方解石 50%～75%,白云石 25%～50%)； 含泥质灰岩(灰质 75%～95%,黏土质 5%～25%)； 泥灰岩(灰质 50%～75%,黏土质 25%～50%)； 砂(粉砂)质灰岩(灰质 50%～75%,陆屑 25%～50%)； 含砂(粉砂)质灰岩(灰质 75%～95%,陆屑 5%～25%)
结构分类	按颗粒、亮晶胶结物或泥晶基质类型及含量可划分石灰岩类型,如鲕状亮晶灰岩、团粒泥晶灰岩、内碎屑亮晶灰岩、生物碎屑泥晶灰岩等 26 种
	按颗粒及灰泥含量变化、支撑类型,可划分石灰岩类型：颗粒灰岩、泥粒状灰岩、粒泥状灰岩、泥状灰岩
	礁灰岩可划分如下类型：礁屑粒泥灰岩、礁屑泥粒灰岩、礁碎块灰岩、粘结灰岩、骨架灰岩
岩层厚度	薄层状、中层状、厚层状、巨厚层状等
沉积构造	前沉积构造：沟道、冲刷痕、小槽、爬迹、大槽等
	同沉积构造：扁平层、交错层、纹层、波痕、藻席纹层等
	沉积后构造：滑塌构造、干缩、鸟眼、层状晶洞、钙结层、帐篷构造、晶体印模、示底、缝合线等
特殊矿物	如海绿石、黄铁矿、菱铁矿等
生物化石	有孔虫、海绵动物、珊瑚动物、腕足类、双壳类、头足类、三叶虫、棘皮类、苔藓动物、钙藻类等埋藏及保存状况

表 4-7 地层结构类型简表

组合类型	层状地层			非层状地层
简单型	均质性		均一性	斜列式
	非均质型	互层式		叠积式
		夹层式		
		有序多层式		
		无序多层式		嵌入式等
复合型	上述各简单型结构的复合			

综上所述,在观察和描述沉积岩时应注意要描述岩石整体的新鲜颜色、风化色。描述岩石的物质组成应注意描述主要矿物、碎屑物及胶结物等成分。结构的描述应区分岩石是碎屑结构、泥质结构、粒屑结构、结晶结构和生物结构等。对碎屑结构而言,应对碎屑颗粒的形状、大小、磨圆度和分选性等特征进行描述,并要确定胶结类型以及胶结程度。构造的描述据其物质组成、颗粒大小及颜色上的差异观察岩石的层理,注意层面上波痕、泥裂等构造特征。对沉积岩命名应遵循"颜色+胶结物+岩石名称"的法则。此外,还需注意沉积岩体形状、岩层厚度及产状、风化程度、化石保存情况及其类属。

3. 沉积地层剖面野外实测要点

为了对测区的地质情况有准确的了解,需选择出露较好的典型地质剖面进行实际测量,详细了解测区内地下一定深度与一定距离内的地层、构造和岩体等特征,工作成果即为相应的实测地质剖面图。

由于是实地观测,因此所得图件应能较准确地反映相应的地层、构造和岩体等特征,为后期的地质填图进一步工作提供详实的第一手资料。因对象和需要解决的问题不同,实测地质剖面可分为实测地层剖面、实测岩(矿)体剖面、实测构造剖面。根据比例尺的不同,相应的工作精度与要求也不同。

根据实测层段完整程度,可分成两类:一是全层段地层剖面,对测区内出露的全部地层进行详细分层,用于研究岩层厚度、成分、结构、分层标志、岩层特征、沉积相、地层层序、接触关系、时代归属等,系统采集岩性、沉积相和古生物标本,建立地层剖面;二是重点层段地层剖面,用于重点了解各填图单位的标志、厚度、岩性和岩相变化。

1)地层剖面位置选择

(1)选择能代表一个区域或一个小区的地层岩性和厚度特征的地方,包括区域岩性变化的过渡带。

(2)选择地层露头连续分布、完整清楚、化石丰富、掩盖少的地段。

(3)选择构造简单的地段,当无法避开断层或具有覆盖时,就近分段连接时必须用明显的标准层来连接剖面,标准层应相互重复一段。必要时应布置剥土、坑探和槽探工作。

(4)要求在地形上尽可能使剖面方向垂直于地层走向。

2)剖面精度要求

地层分层的要求:①分层时应综合考虑岩石的颜色、成分、结构、构造等特征以及矿物、化石、层间接触关系、界面与沉积间断等因素,凡有明显变化处,应当分层;②分层厚度大小根据成图比例尺决定,标准剖面的柱状剖面图比例尺一般规定为1∶500~1∶1 000,地层划分的精度(即分层厚度)与所选定的比例尺有关,两者的关系如表4-8;③分层时对有特殊意义的岩层和标准层,不论厚度大小均应单独分层或单层厚度综合描述;④地层分层应能与区域剖面对比;⑤应在横向上追索分层间的接触关系,搜集足够的证据,同时应描述剖面地层的风化与地貌特征;⑥分层岩性描述要求真实全面、重点突出。

表4-8 实测地层剖面分层精度与比例尺关系   单位:m

比例尺	最小分层厚度	最大分层厚度	允许浮土掩盖宽度
1∶100	0.1	1.0	0.5
1∶200	0.2	2.0	1.0
1∶500	0.5	5.0	2.5
1∶1000	1.0	10.0	5.0
1∶2000	2.0	20.0	10.0
1∶5000	5.0	50.0	25.0

注:最小分层厚度等于实测地层剖面图或柱状图上1mm所代表的地层厚度,最大分层厚度等于实测地层剖面图或柱状图上1cm所代表的地层厚度,分层厚度的下限通常为自然岩层厚度。

3)基本层序调查

地层的分层是由基本层序组成的,基本层序调查在剖面测制中具有重要的意义。

(1)基本层序是沉积地层垂向序列中按一定规律叠置的,在露头与剖面测制中能观察到。基本层序代表一定地层间隔,由具一定特点的单层组合而成,是地层中最基本的组成单元。它可划分为旋回性基本层序和不显旋回性基本层序。

(2)基本层序调查内容:基本层序由单层构成,是单层的组合。①单层描述包括各单层的岩石类型和所含特殊组分(如有用金属矿物和磷、铁、锰结核、海绿石、蒸发岩矿物等)、古生物内容(包括实体化石和生物屑的类别与含量)、古生态特征等。对于特殊结构和特殊交互层、古生物夹层等,应辅以放大比例尺1∶50~1∶10,甚至用放大倍数的素描图准确写真表达与照相;②鉴别地层序列中具特殊成分或成因的夹层,如生物化石富集层、地球化学异常层、含矿层、古风化壳、古土壤层、碳酸盐岩序列中的石英砂岩或黏土岩夹层、块体流沉积层、风暴岩夹层、火山灰夹层等,后二者往往是重要的等时对比标志;③单层厚度、形态、岩石结构、沉积构造、遗迹化石、古生态、古流向和成岩结构构造(如液化构造、干裂、窗格构造等)、各种成岩变化与胶结物等;④基本层序内各单层间的叠置与组合特征和接触关系;⑤基本层序与组合的纵横向变化。

(3)基本层序的调查方法:实测主干剖面是研究岩石地层单位基本层序的厚度、组成、结构、数量及纵横向变化等特征的主要方法,此外还有主干地质路线和辅助地质路线的调查作为补充。

(4)采样:必须进行系统采样,采样应有目的性和代表性。采样密度按实际情况决定,一般一个分层内有岩性变化处应有相应的代表性样品。采集供陈列用的岩石标本尺寸为3cm×6cm×9cm,根据需要还可采集古生物、岩性、沉积相、化学分析等样品。

(5)对于任何比例尺的地质填图,地层标准剖面两次丈量的总厚度相对误差不得大于2%,厚度单位为m,读数至小数点后两位。

(6)应附信手横剖面图、素描和照片,具体内容包括:①信手横剖面图应反映地形起伏、岩层出露宽度和产状,图上要标明方向、比例尺、接触关系、层号、产状和量取位置、化石产层及特殊夹层位置、素描和照相位置、样品标本的采集位置等;②素描应画出岩层的特殊结构或沉积特征,标出方向、名称、比例尺及简要说明;③在对有意义的地质现象进行拍照和录像时,在景物旁放置一个衬托景物大小的参照物;④照片应有编号、简要说明与记录。

4)实测的一般程序和方法

(1)在开展实测地层剖面的工作前,必须先对工作区进行野外踏勘,选择实测剖面线位置,了解实测剖面精度要求后实施野外测量。踏勘后需清楚岩层短距离内岩性是否稳定、岩性组合规律与接触关系、化石分布情况、分层因素明显程度、剖面丈量难易程度、构造概况、不同构造部位的岩层对比关系。

(2)根据踏勘结果,应确定以下内容:标准层、地层单位和填图单位的划分位置、分层编号及设立标志、基本层序特征。

(3)根据踏勘资料制定实施工作计划,计划内容包括比例尺、工作量、施测顺序、组织分工、工作定额与工作进度计划。

(4)剖面线一般采用半仪器法导线测量,即用皮尺或测绳丈量地面斜距,用地质罗盘测量导线的方位和导线坡度角。

(5)在剖面线测量的同时,进行实测地层剖面的观察和描述。在专门的野簿中分层逐项描述、记录,画出沿线的信手剖面图。在地形底图和航空相片上准确标出剖面线起点、终点、剖面观察点的位置以及岩层产状要素和地层分界线等。

(6)丈量操作要求:①应逐层自老到新丈量地层;②剖面方向应尽量垂直地层走向,即交角为90°。若因地形无法满足要求,地层走向与剖面线交角不得小于60°;③应按确定的最佳方向进行丈量,若因地形或其他因素不得不适当改变方向时,应在记录备注栏说明原因。

(7)现场操作步骤和内容:①前后测手按导线方向,将相同长度的两根标杆分别准确地直立在分层界线上;②瞄准两根标杆的延伸方向,测量导线方位角;③以两根标杆的顶端为准,测量导线坡度角,后测手向前测手看,仰视坡度角为正值,俯视坡度为负值,测量导线方位角及坡度角时,前后测手应相互对测,以便校正;④将皮尺在两根标杆顶端间拉直,读取斜距;⑤测量地层产状时,必须在罗盘紧贴岩层面时读数,表达岩层产状数据应先统观所测岩层,在有代表性的部位量取倾向和倾角;⑥记录人将前后测手报出的各项数据整齐、清楚、准确地记入地层厚度丈量计算表并复述校核;⑦按厚度公式计算地层厚度,并由第二人检查校核;⑧检验计算厚度与实测地层厚度的符合程度,发现问题及时纠正或返工、各项丈量数据应准确无误,所有报记数据与记录应及时在现场复述一遍,进行核实。

(8)当天丈量工作结束后,必须对地层厚度作核定。对分层的数目和采样的层位做到野外原始记录、厚度记录、采样标签与清单、野外柱状草图互相一致。野外原始资料记录在实测地层剖面记录表中,每一个小组在完成实测工作后,应将记录表格提交给老师检查,合格后该小组野外实测工作才能结束。

5)实测地层剖面的准备工作

(1)领取测量工具与表格,主要有测绳、记录表和图板等。

(2)小组成员合理分工。实测地层剖面工作以各个小组为单位独立完成,秭归实习一般采用6人组(表4-9)。小组成员可分为前测手、后测手、分层员、联络员、记录员、标本采集及产状测量员。在各成员进行野外实际工作之前,应充分了解各自的工作职责,尤其是前测手、后测手,应挑选两个相互调校的罗盘,以保证实测地层剖面工作中导线测量数据的一致性。

表4-9 实测剖面小组成员职责分工表

人员	主要任务	4人组	5人组	6人组
前后测手	测量导线与地层	2	2	2
分层员	地层分层、记录分层岩性、拍照		1	1
联络员	测绳的疏导,与前后测手的联络工作	1	1	1
记录员	记录实测中的各种数据			1
标本采集及产状测量员	各分层标本的采集、产状测量、读皮尺	1	1	1

前测手:拿着测绳,尽量沿着垂直地层的走向方向,选择通行条件较好的路线边行进边放测绳,在地形突变处停止行进,作为本分导线的止点(做上记号),并拉直测绳,读取测绳上止点的度数,该读数为分导线的斜距(分导线的长度L)。测量分导线的方位(读南针,俯视为正、仰视为负),将所读数据告知联络员。当本分导线所有工作完成后,前测手再进行下一个分导线的测量工作。

后测手:拿着测绳的起点处(0m处),当前测手停止行进后,拉直测绳,测量分导线的方位(读北针,俯视读负、仰视读正),将所读数据告知联络员。当本分导线所有工作完成后,至前测手站立处进行下一个分导线的测量工作。

分层员:负责地层的分层工作及信手剖面的绘制,分层按0、1、2……依次编号。分层员要向记录员告知各个分层在分导线上的读数与基本岩性,当分导线处的岩层界线出露不好时,可将分导线两侧的分层界线按岩层走向投影到分导线上或延伸分层的层面,当延伸后的层面与分导线相交后,再读取该点的读数,此读数即为分层在分导线上的投影位置,如图4-1所示。

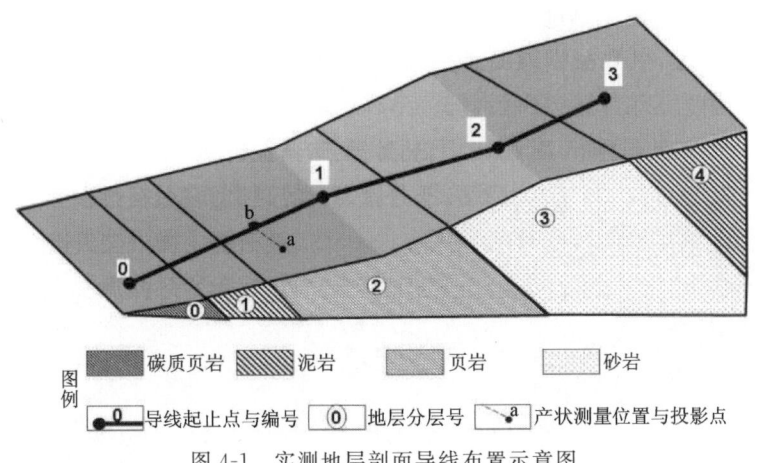

图 4-1 实测地层剖面导线布置示意图

分层员在向记录员告知分层位置与分层的岩性后,必须在野簿上详细描述各分层的岩性特征以及接触关系等。对于重要的地质现象(如地层接触关系、重要的沉积构造、断层等)应绘制地质素描图或拍摄地质照片。

记录员:负责将实测地层剖面中的各种数据按要求填写到实测剖面记录表的相应栏目中。实测数据是最重要的原始资料,记录一定要准确、齐全。每一导线测量完毕后,表格记录员要全面检查该导线中的实测地层内容是否全部完成,若有缺项,应及时补测。只有当记录员经过检查,确认该导线中的实测地层内容已经全部完成,才能撤掉该导线,进入下一导线的测量。注意剖面起点记为0,第一导线终点为1,导线号用0-1、1-2……表示。

标本采集及产状测量员:负责各分层标本的采集工作,标本应采集各分层具有代表性的岩性层,大小符合相关要求,标本的编号从记录员处获取,同时向记录员告知所采标本在分导线上的投影位置。测量每一个分层的岩层产状,如果某分层的厚度较大,则适当增加产状测量的次数,将所测得产状数值与产状测量处在分导线上的投影位置告知记录员。标本采集与产状测量点在分导线上的投影原则与记录员相同。

联络员:负责测绳的疏导与前后两测手的联络工作。在进行地层剖面实测过程中,测绳常常被荆棘、树枝等缠绕,这时疏导人员必须及时疏导测绳,保证测量工作的顺利进行。另外,当前后两测手就位并拉直测绳后,由于相隔距离较远或周围环境嘈杂,此时联络员应站在前后两测手中间,听取两测手的导线测量读数,平均读数后告知记录员记录。当两测手的测量读数误差超过3°时,必须要求他重新测量。

6)实测地层剖面的室内整理

实测地层剖面的室内整理工作包括野外原始资料数据的整理与换算,绘制导线平面图、地层剖面图和地层剖面柱状图。

(1)野外原始资料的室内整理。

原始资料的整理应以实测地层剖面记录表为主,小组成员一起核对,使各项资料完整、准确、一致。如果出现错误或遗漏,应立即设法更正和补充。对斜距(L)、地层真倾角(α)、坡角(β)、导线方向、地层走向与导线的夹角(γ)等原始数据加以计算,求出导线与各分层的水平距(W)、地形高差(H)、地层厚度(d)、剖面线(总)方向、地层在剖面线方向上的视倾角(α')等,将记录表的各空项通过计算逐一填全。下面对计算公式作简要介绍。

地层厚度:$d = L|\sin\alpha \cdot \cos\beta \cdot \sin\gamma \pm \cos\alpha \cdot \sin\beta|$

导线水平距:$W = L \cdot \cos\beta$

地形高差:$H = L \cdot \sin\beta$

当山坡坡向与地层倾向相反时用"+"号,当山坡坡向与地层倾向相同时用"-"号。坡角(β)在记录表中有"+""-"之分(以导线前进方向为准,仰角为正、俯角为负),但计算地层厚度时β角均取正值。

(2)确定总导线方向。

地质剖面是通过一定方向的切面,该方向称为剖面方向。由于实地测量的各分导线方位因地形的影响而有所差异,因此应首先求出总导线的方位,可通过下列两种方法获得。

计算法:以0基点作为起点,利用计算器逐一计算各基点的坐标,根据最后一个基点的坐标数据便可计算出总导线方向。

作图法:以0基点作为起点,利用导线方位和导线平距顺次将各分导线绘到方格纸上;连接起点和终点,用量角器量出此连线的方位,此方位即可作为总导线方向。

(3)求地层视倾角。

剖面与岩层层面的交线与水平面的夹角为视倾角。地层视倾角(α')的大小与地层真倾角(α)、地层走向和剖面总方向的夹角(δ)有关。三者之间的关系式为:

$$\tan\alpha' = \tan\alpha \cdot \sin\delta$$

(4)绘制导线平面图和地层剖面图。

实测地层剖面图主要由图名、总导线方位、比例尺、地层剖面图、导线平面图、图例以及责任表等组成。图名一般是大地名加小地名。总导线方位指实测地层剖面起点指向终点的方位。比例尺根据总导线长度来选择。

在方格纸上以0基点为起点,以总导线方向作为水平线画总导线(通常使左端为导线北西、南西或正南方位,右端为南东、北东或正北方位)。根据各分导线与总导线方向夹角和导线平距准确地绘出导线平面图,标出地质点(直径2mm,点位),画上地质界线走向线段(长1.5cm)和分层界线(长1cm),在导线上方标上地质点号、标本编号、地层产状,在导线下方标分层号、地名和地物名等,在总导线右端画指向箭头,注上总导线方位,即完成了导线平面图(图4-2)。

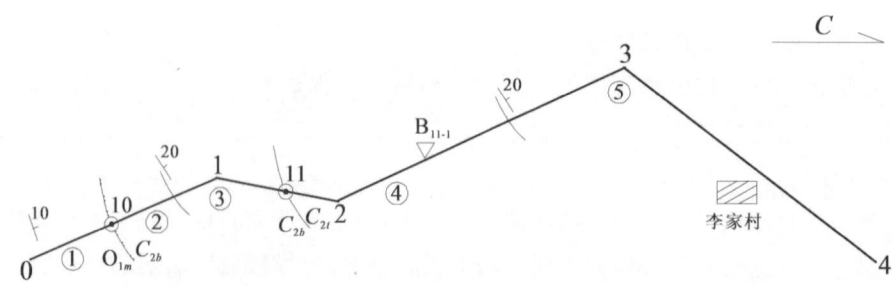

图4-2 导线平面图示例

如图 4-3 所示，在总导线两端的上方（或下方）适当位置画垂线，按比例标注高程（注意水平比例尺和垂直比例尺应一致），然后顺次将导线平面图上各基点向上（或向下）按海拔高程垂直投影在方格纸上，参照野外实测剖面草图勾绘出地形起伏线。顺次将导线平面图上的地层分界点向上（或向下）垂直投影到地形线上，按地层视倾角从地形起伏线向下画斜线（长2cm 左右），再按各分层单位的岩性组合，填充规定的岩性花纹（岩性花纹线长 1～1.5cm）。在岩性花纹下方整齐地标注代表性的岩层产状、地层时代和分层单位的代号；在地形线上方标上采集标本的位置和编号、剖面经过的地名，在剖面两端或一端标注剖面方位；在图的上方补充图名、比例尺；图的下方补充图例，图例花纹按标准填充，与剖面图的内容一一对应，长12mm、宽 8mm，整体由海相到陆相，粒度由粗到细，排列整齐美观即可；右下方分布责任表；通过自检、互检和导师检查通过后，即可上墨完成实测地层剖面图的绘制工作。

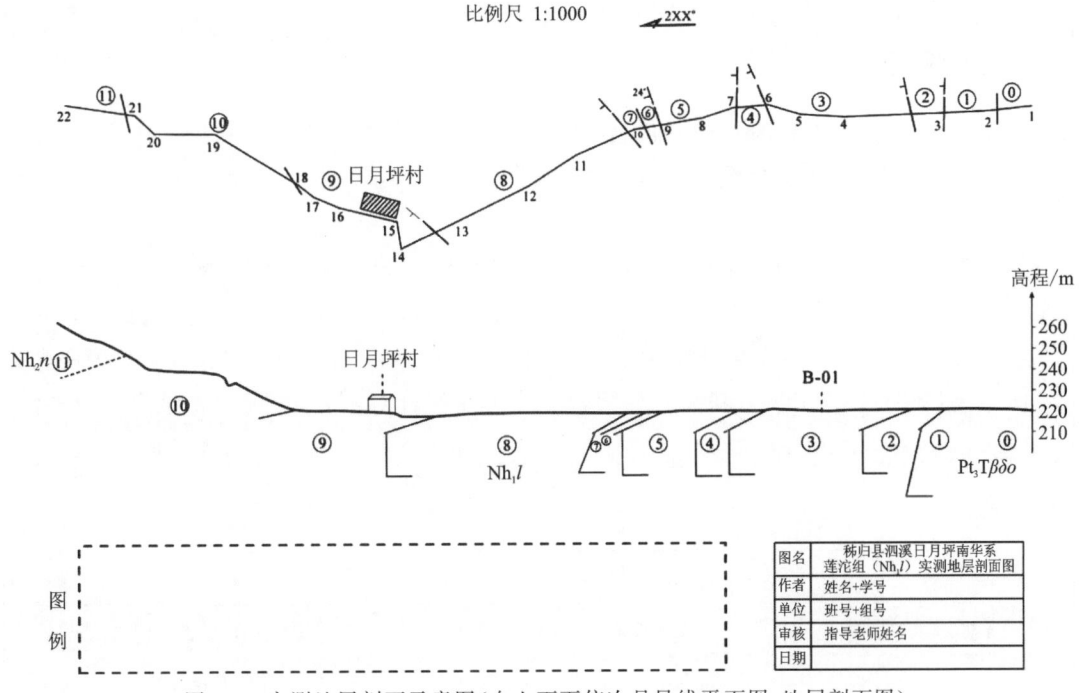

图 4-3　实测地层剖面示意图（自上而下依次是导线平面图、地层剖面图）

（5）绘制实测地层剖面柱状图。

实测地层剖面柱状图主要依据地层厚度，按照一定的比例尺和规定的岩性花纹绘制而成，主要反映实测地层的岩性、化石、厚度、接触关系等。有些实测地层剖面为了解决沉积环境、沉积相、层序地层等方面的问题，在柱状图中还要列出沉积环境、沉积相标志、沉积相类型、层序界面、最大海泛面、沉积体系域、海进海退旋回等方面的内容。

编制地层柱状图是对地层野外工作的总结，有一定的惯用格式（表 4-10），应注意以下几点：①地层单位划分清楚，岩石地层单位和年代地层单位划分明确，地层代号和地层厚度准确。②用地层最大厚度按 1∶500 比例尺画出地层柱，地层顺序由下至上、由老至新逐层画出，地层厚度大的地层单位柱体可用舒缓的双曲线断开（注意两端不封口），表示厚度省略。

地层厚度较小时,柱状图按实际厚度画,但两侧文字说明部分可用较陡的斜线向上或向下加高至能容纳文字说明。③地层柱中岩性花纹按统一要求画,顶底不留空格,接触关系用规定的线条表示,并在岩性描述一栏中用中文注明。④岩性描述要简化,可分为顶部、上部、中部、下部、底部等进行综合描述,简要写出最主要岩性。⑤备注栏可写上古生物化石及矿产情况。⑥写上图名、比例尺及责任表,不用画图例。

表 4-10 实测地层柱状图格式

年代地层				岩石地层		地层代号	分层号	岩性符号	厚度(m)	岩性描述	备注
界	系	统	阶	群或组	段						
10	10	10	10	20	15	15	15	25	15	150～180	30

注:表中数据为每格宽度,单位:mm。

二、火成岩

火成岩按侵入到地壳中或是由火山作用喷出地表,可分为侵入作用和喷出作用,相应地形成侵入岩(岩浆在地下深处结晶而成)和喷出岩(又称火山岩,岩浆经火山口喷出到地表后冷凝而成)。

火成岩一般是观察颜色、结构、构造、矿物成分及含量,最后确定岩石名称。肉眼鉴定火成岩,首先看到的就是颜色,颜色基本可以反映出岩石的成分和性质。酸度和碱度是火成岩分类的重要化学成分依据,酸度即指 SiO_2 含量。据 SiO_2 重量百分数,通常将火成岩分为四大类(表 4-11):超基性岩(<45%)、基性岩(45%～53%)、中性岩(53%～66%)和酸性岩(>66%)。

表 4-11 火成岩的简单分类

类型	侵入岩	喷出岩
超基性岩	橄榄岩	苦橄岩
基性岩	辉长岩	玄武岩
中性岩	闪长岩、正长岩	安山岩、粗面岩
酸性岩	花岗岩、花岗闪长岩	流纹岩、英安岩

注:①火成岩有钙碱性、碱性、过碱性之分;②侵入岩有深成岩和浅成岩之分;③喷出岩中还有过渡类型的火山碎屑岩;④侵入岩与变质岩的过渡类型有混合岩。

1. 颜色

首先依据岩石颜色大致定出属于何种岩类。比如,若是浅色,一般为酸性岩(花岗岩类)或中性岩(正长岩类);若是深色,一般为基性岩或超基性岩。由酸性岩到基性岩,深色矿物的含量逐渐增多,岩石的颜色也就由浅到深。同时还要注意区别岩石新鲜面的颜色和风化后的颜色。还可根据其中暗色矿物含量来进行描述,暗色矿物的含量称为色率,超基性岩色率大于 90%,基性岩色率为 40%～90%,中性岩色率为 15%～40%,酸性岩色率小于 15%。

2. 结构与构造

观察火成岩的结构与构造,便可区分出是属深成岩类、浅成岩类或喷出岩类。

(1)结构:根据岩石中各组分的结晶程度,可分为全晶质、半晶质和玻璃质等结构。不仅要对全晶质的结构区分出显晶质或隐晶质结构,还要对其中的显晶质结构岩石按矿物颗粒大小,进一步细分出等粒、不等粒、粗粒或细粒等结构。对具有斑状结构的岩石要描述斑晶成分、基质的成分及结晶程度。若岩石中矿物颗粒大,呈等粒状、似斑状结构,则属深成岩类;若矿物颗粒微细致密,呈隐晶质、玻璃质结构,则一般属喷出岩类;若岩石中矿物为细粒及斑状结构,即介于上述两者之间,属于浅成岩类。

(2)构造:观察岩石中矿物有无定向排列,进而就能推断岩石的形成环境、含挥发组分的多少以及岩浆流动的方向。若无定向排列,则为块状构造;若有定向排列,则可能是流纹构造、气孔构造或条带状构造。深成岩、浅成岩大多是块状构造;喷出岩则为流纹构造和气孔构造等。对于岩石中有规律排列的长柱状矿物、气孔捕虏体等均要观测其方向。对于那些在接触面上有规则排列的片状矿物,要描述其组成成分并测产状要素。

3. 矿物成分

矿物成分是火成岩定名最重要的依据。火成岩类别是根据 SiO_2 含量百分比确定的,而 SiO_2 含量可在岩石矿物成分上反映出来。有大量石英出现,说明是酸性岩;有大量橄榄石存在,则表明是超基性岩;如果只有微量或根本没有石英和橄榄石,则属中性岩或基性岩。假如岩石中以正长石为主,同时又富含石英,就可判定是酸性岩;若以斜长石为主,暗色矿物又多为角闪石,属于中性岩;若暗色矿物多为辉石,则属基性岩。对于岩石中凡能用肉眼识别的矿物均要进行描述。首要的是描述主要矿物形态、大小及其性质,其次是要对次要矿物作简略描述。

4. 命名

在肉眼观察和描述的基础上确定岩石名称。请注意在岩石名称前面冠以颜色和结构,比如,可将某岩石定名为浅灰色粗粒花岗岩。另外,在野外还要注意查明火成岩体的产状,即岩体的空间分布位置、规模大小以及与围岩的接触关系等,结合岩石的结构与构造,以推论岩石的形成环境,也要注意不同侵入体或同一侵入体之间的岩性变化、时间顺序及相互关系。

对酸性侵入岩分类时,首先要统计岩石中镁铁质矿物的百分含量(色率,即 M 值),然后采用不同的图解进行实际矿物含量的分类,具体方法如下。

(1)对于 $M<90$ 的岩石,要进一步统计岩石中石英(Q)、斜长石(P)、碱性长石(A)、似长石(F)的含量,使用国际地质科学联合会推荐的 QAPF 双三角图进行分类。注意,在投图前应将实测的 3 种矿物含量总和重新换算为 100% 后投点,最后根据投点落入的区域确定岩石的基本名称。

(2)次要矿物含量超过 5% 才参与命名,如黑云母花岗岩,黑云母超过 5%。

如图 4-4,常见的深成侵入岩有钾长花岗岩(3a)、二长花岗岩(3b)、花岗闪长岩(4)、碱长花岗岩(2)和斜长花岗岩(5);常见的浅成侵入岩有花岗斑岩和石英斑岩。

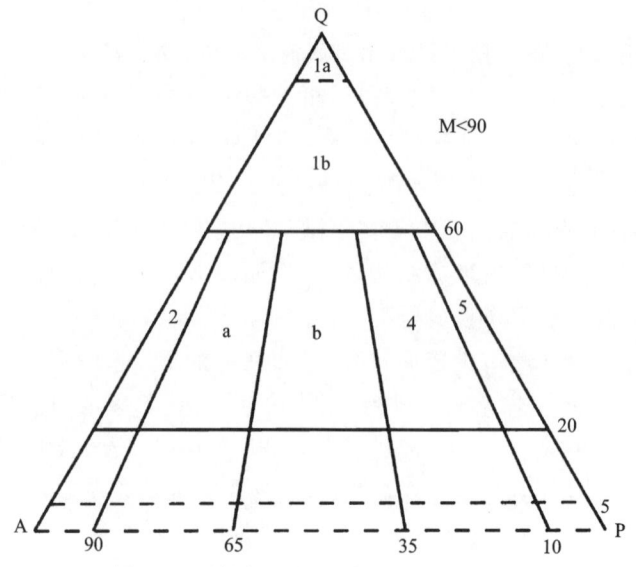

图 4-4 酸性侵入岩分类与命名三角简图

1a.石英岩;1b.富石英花岗岩;2.碱长花岗岩(钠长石花岗岩、微斜长石花岗岩);
3.花岗岩(a.钾长花岗岩或普通花岗岩;b.二长花岗岩);4.花岗闪长岩;5.英云闪长岩、斜长花岗岩

【火成岩描述示例】灰白色中粒黑云母花岗闪长岩

岩石新鲜面呈灰白色,风化面呈褐黄色;岩石由斜长石(45%)、正长石(25%)、石英(25%)、黑云母(5%)组成;主要矿物斜长石粒径 2～5mm;块状构造。

三、变质岩

变质岩是原先已经存在的岩石(火成岩、沉积岩、变质岩),经变质作用改造形成的岩石。肉眼观察描述的内容方法与沉积岩、火成岩大体相似,具体包括以下内容。

1. 颜色

变质岩的颜色比较复杂,它既与原岩有关又与变质岩矿物成分有关。变质岩的颜色常不均一,应注意观察总体色调。

2. 矿物成分

在观察变质岩的矿物成分时,除了注意观察含量较多的主要矿物,还要特别注意特征变质矿物的观察和鉴定,以便为恢复原岩、分析变质作用的物理化学条件和变质作用强度提供依据。对岩石中含有的所有矿物都要注意观察描述其颜色、光泽、解理、硬度、形态、大小等鉴定特征,目估各种矿物的百分含量。描述的顺序:具有斑状变晶结构时,先描述变斑晶,后描述变基质;不具斑状变晶结构时,按照矿物的含量,由多到少依次描述。

3. 结构构造

(1) 结构：首先比较矿物的相对大小，看是否具有斑状变晶结构，再观察和度量矿物的绝对大小，然后观察变晶矿物的形态特征，最后对岩石的结构进行综合描述，定出岩石的结构类型。当岩石具有等粒变晶结构时，描述方法为粒度＋次要矿物形态＋主要矿物形态，如中粒鳞片粒状变晶结构。

(2) 构造：变质岩的构造按成因可分三类，分别为变余构造、变成构造和混合构造。变余构造指变质作用对原岩改造得不彻底而保留原岩构造的某些特点，如变余层理构造、变余杏仁构造、变余流纹构造等。变成构造是由重结晶作用和变质结晶作用所形成的构造，如斑点状构造、板状构造、千枚状构造、片状构造、片麻状构造等。混合构造是混合岩特有的构造，如眼球状构造、肠状构造、条带状构造、角砾状构造、雾迷状构造等。此外，变质岩还具有块状构造。

4. 变质岩的命名

变质岩的岩性特征是其命名和分类的重要依据。

第一步可先根据构造和结构特征，初步鉴定变质岩的类别，如具有板状构造者称板岩，具有千枚构造者称千枚岩等。具有变晶结构是变质岩的重要结构特征，如变质岩中的石英岩与沉积岩中的石英砂岩尽管成分相同，但前者具变晶结构，而后者却是碎屑结构。

第二步再根据矿物成分含量和变质岩中的特有矿物进一步详细定名。一般来讲，要注意岩石中暗色矿物与浅色矿物的比例，以及浅色矿物中长石与石英的比例，这些比例关系与岩石的鉴定有着极大关系。例如，某岩石以浅色矿物为主，而浅色矿物中又以石英居多且不含或含有较少长石，就是片岩；若某岩石成分以暗色矿物为主，且含长石较多，则属片麻岩。变质岩中的特有矿物，如蓝晶石、石榴子石、蛇纹石、石墨等，虽然数量不多，但能反映出变质前原岩以及变质作用的条件，故也是野外鉴别变质岩的有力证据。

变质岩的一般命名原则可概括为颜色＋结构＋特征矿物＋主要矿物＋构造＋岩，如蓝灰色中晶蓝晶石黑云母片岩、灰黑色细晶角闪石斜长片麻岩。矿物成分参加命名时，含量大于15%的直接参加命名；含量5%～15%的在矿物名称前加"含"字；含量小于5%的矿物一般不参加命名，但特征变质矿物应参加命名，在矿物名称前加"含"字；当参加命名的矿物较多时，矿物名称可略写，如含硅线十字石榴斜长片麻岩。关于板岩和千枚岩，因其矿物成分较难识辩，板岩可按颜色＋所含杂质方式命名，如可称黑色板岩、碳质板岩；千枚岩可据其颜色＋特征矿物命名，如可称银灰色千枚岩、灰绿色硬绿泥石千枚岩等。

接触交代变质岩、气液交代变质岩、动力变质岩和混合岩的命名有些特殊方法。

(1) 接触交代变质岩与气液交代岩：颜色成分均较复杂多变，与原岩成分及交代有密切关系，典型岩石为矽卡岩，常含多种金属矿物，如接触热变质岩的典型岩石角岩（具细粒变晶结构）为块状构造。

(2) 动力变质岩：此类岩石的基本类型是根据变形行为、破碎程度和重结晶程度确定的，如角砾岩、糜棱岩、千糜岩，破碎程度和重结晶程度依次增加。

(3)混合岩:注意区分基体部分和脉体部分,一般前者颜色较深,常为深灰色、灰色等,后者颜色较浅,常为灰白色、肉红色等。混合岩的描述与命名分脉体和基体两部分。脉体结构按照岩浆岩结构术语描述,如细粒结构、中粒结构等;基体结构按照变质岩术语描述,如鳞片粒状变晶结构、柱状变晶结构等。混合岩的构造有条带状、眼球状、角砾状等。混合岩的命名规则是脉体岩石类型+基体+构造+混合岩,如长英质斜长角闪角砾状混合岩。混合片麻岩的命名规则是暗色矿物+构造+混合片麻岩,如角闪石眼球状混合片麻岩。混合花岗岩的命名规则是构造+暗色矿物+混合片麻岩,如条痕状黑云母混合花岗岩等。

【变质岩描述示例1】红柱石角岩

岩石新鲜面呈深灰色,块状构造,具微粒变晶基质的斑状变晶结构,变斑晶为红柱石,浅灰色,长柱状,横断面正方形,大小近等,长5~10mm,由于风化使光泽暗淡;含量约15%;变基质深灰色,粒度细小,除黑云母因其鳞片状晶形和珍珠光泽易于识别外,其他矿物难以分辨。

【变质岩描述示例2】石榴子石白云母片岩

岩石新鲜面呈银灰色,片状构造,变基质具鳞片变晶结构的斑状变晶结构,变斑晶石榴子石,暗紫红色,等轴粒状,粒径4~5mm,大小近等,略突出于岩石表面,含量约5%;变基质主要由白云母和石英组成,白云母为银白色,鳞片状,平行连续定向排列,具较强的丝绢光泽,含量约70%,石英为灰白色,颗粒细小,他形粒状,夹于平行排列的白云母之间,含量约25%。

第二节 地质构造的基础理论与野外观察方法

一、褶皱

褶皱(图4-5)是岩石中原来近于平直的各种面(如层面、面理等)发生弯曲而显示的变形。褶皱的分类方法很多,这里仅介绍褶皱的位态分类和褶皱层厚度及相互关系分类。

(1)位态分类:根据褶皱轴面和枢纽的产状相互关系共分为7类(图4-6)。

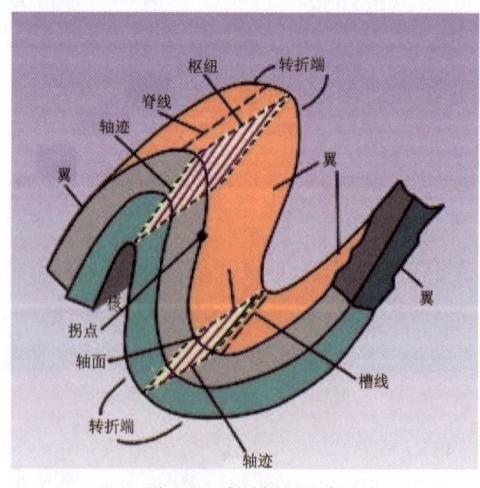

图4-5 褶皱的要素

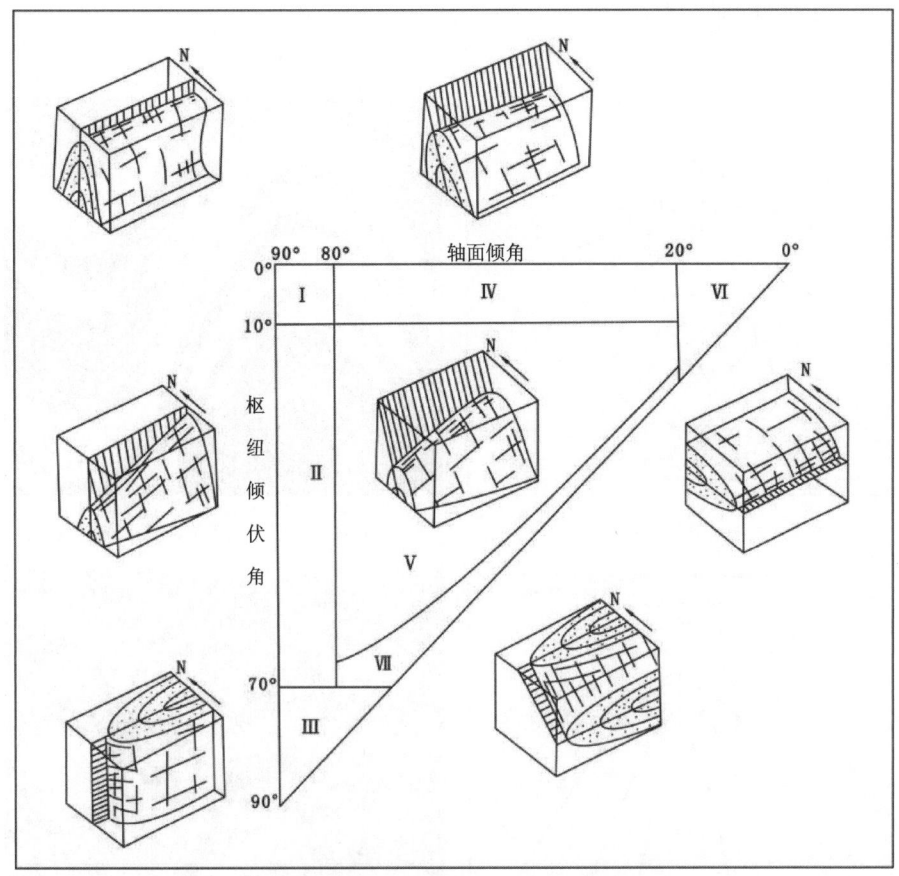

图 4-6 褶皱的位态分类(据杨坤光和袁晏明,2009)
Ⅰ.直立水平褶皱;Ⅱ.斜歪水平褶皱;Ⅲ.直立倾伏褶皱;Ⅳ.倾竖褶皱;
Ⅴ.斜歪倾伏褶皱;Ⅵ.斜卧褶皱;Ⅶ.平卧褶皱

(Ⅰ)直立水平褶皱:轴面近直立,枢纽近水平;

(Ⅱ)斜歪水平褶皱:轴面斜歪,枢纽近水平;

(Ⅲ)直立倾伏褶皱:轴面直立,枢纽倾伏;

(Ⅳ)倾竖褶皱:轴面和枢纽均近直立;

(Ⅴ)斜歪倾伏褶皱:轴面和枢纽均倾斜;

(Ⅵ)斜卧褶皱:轴面和枢纽均倾斜;

(Ⅶ)平卧褶皱:轴面和枢纽均近水平。

(2)根据褶皱层厚度及相互关系可分 4 类(图 4-7)。

(Ⅰ)平行(等厚)褶皱:同一褶皱层的厚度在不同部位大体相等,各褶皱面平行弯曲,具有同一曲率中心,由核部向外,曲率半径增大,曲率变小,岩层变平缓。

(Ⅱ)相似(顶厚)褶皱:组成褶皱的各褶皱面呈相似弯曲,各面曲率相同,但没有共同的曲率中心。

(Ⅲ)顶薄褶皱:两翼真厚度和铅直厚度都大于核部,当由多层岩层组成时,各层既不平行也不相似。

（Ⅳ）不协调褶皱：各褶皱岩层的弯曲形态明显不同，它们既不平行也不相似，岩层厚度发生明显的变化。

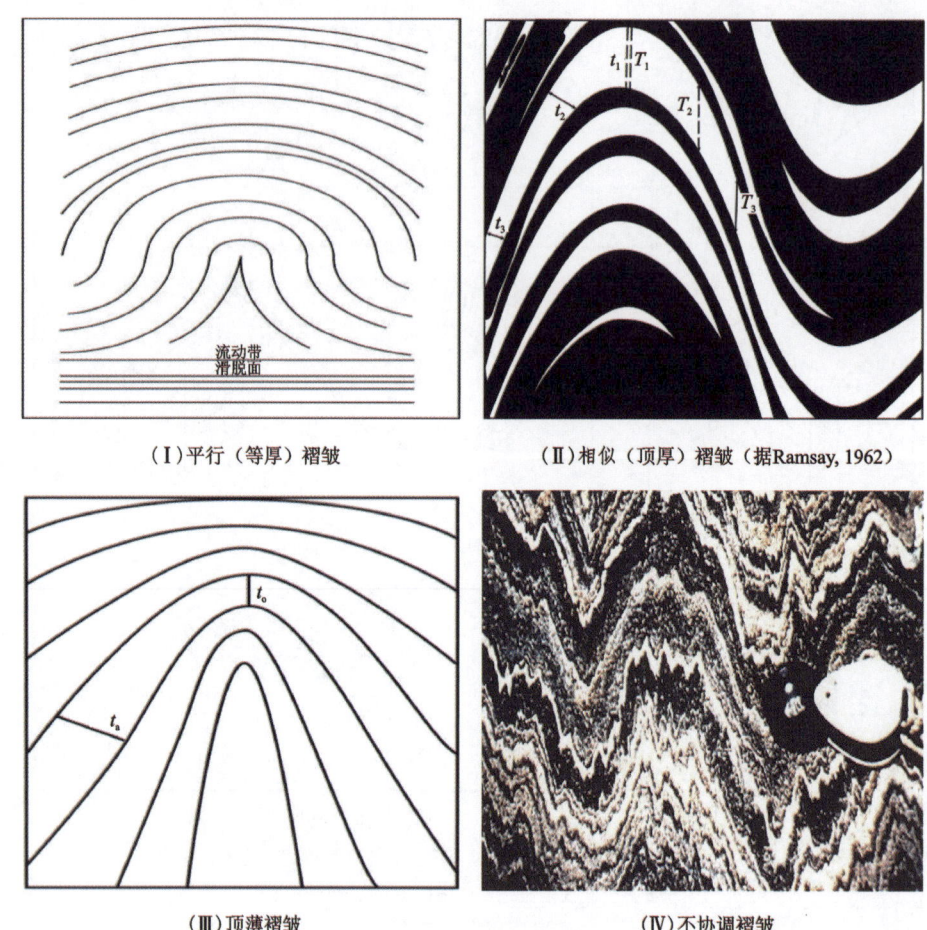

图4-7 褶皱层厚度及相互关系分类

t_1.轴部岩层厚度；t_2、t_3.翼部岩层厚度；T_1.轴部岩层的轴面厚度；T_2、T_3.翼部岩层的轴面厚度；
t_0.轴部岩层厚度；t_a.翼部岩层厚度

褶皱的野外观察与描述要求如下。

(1)确定岩层的岩性和时代：观察和确定褶曲核部和两翼岩层的岩性和时代。

(2)确定褶皱的产状：观察褶皱两翼岩层的倾斜方向、转折端的形态和顶角的大小，并确定褶曲轴面及枢纽的产状。

(3)确定类型推断时代和成因：根据褶曲的形态、两翼岩层和枢纽的产状确定褶皱的类型，进一步分析推断褶皱的形成时代和成因。

二、断层

岩层或岩体在构造运动的影响下发生破裂，若破裂面两侧岩体沿破裂面发生了明显的相对位移，这种构造就称为断层。断层的种类繁多，形态各异，规模大小相差十分悬殊。规模大的断层延伸长度可达几百千米至数千千米,而小的断层可在岩石标本上见到。断层的切割深度也不相同,有的可切穿地壳至上地幔。断层破坏了岩石的连续完整性,对岩体的稳定性、渗透性、地震活动和区域稳定性都有重大影响,从而影响工程的稳定性,与工程建设有着密切的联系。

(1)断层面:指构成断层的破裂面,也就是断层两侧岩体沿之产生显著滑动位移的面,产状可用走向、倾向和倾角确定。断层一般不是单个的面,而是由一系列的破裂面或次级断层所组成的带,即断层带或断裂带。

(2)断层线:指断层面与地面的交线,即断层面在地表的出露线,断层线延伸方向即是断层走向,延伸的消失点称为断层的端点。

(3)断盘:指断层面两侧发生相对位移的岩体。当断层面倾斜时,位于断层面上方的称为上盘,下方的称为下盘,上盘下降为正断层,反之为逆断层(图 4-8);当断层面近于直立时,则以方位相称,如东盘、西盘等;也可根据两盘相对移动的关系,把相对上升的盘称为上升盘,把相对下降的盘称为下降盘。

(4)断距:指断层两盘岩体沿断层面发生相对滑动的距离。断距的大小常常是衡量断层规模的重要标志,断距又分为总断距、水平断距及垂直断距。

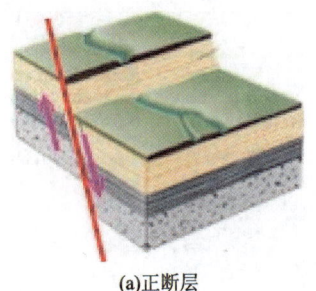 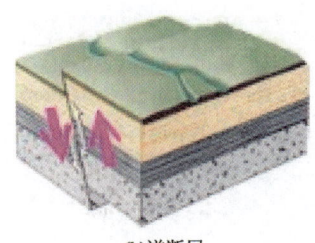 

(a)正断层　　　　　　　　　(b)逆断层　　　　　　　　　(c)平移断层

图 4-8　断层的基本分类

断层的观察与描述如下。

(1)观察、搜集断层存在的标志(证据):在岩层露头上有断层的迹象,要观察、搜集断层存在的证据,如断层破碎带、断层角砾岩、断层滑动面、牵引褶曲、断层地形(断层崖、断层三角面)等。

(2)确定断层的产状:测量断层两盘岩层的产状、断层面的产状、两盘的断距等,确定断层的产状。

(3)确定断层两盘运动方向:根据擦痕、阶步、牵引褶曲、地层的重复和缺失现象确定两盘的运动方向、上盘或下盘、上升盘或下降盘等。

(4)确定断层的类型:根据断层两盘的运动方向、断层面的产状要素、断层面产状和岩层产状的关系确定断层的类型,如正断层、逆断层、走向断层、倾向断层、直立断层、倾斜断层等。

(5)破碎带的详细描述:对断层破碎带的宽度、断层角砾岩、填充物质等情况要详细地加以描述。

(6)素描、照相和采集标本。

三、节理

岩石受力作用形成的破裂面或裂纹,称为节理。它是破裂面两侧的岩石没有发生明显位移的一种构造。节理的产状也可用走向、倾向和倾角进行描述。在同一时期、同一成因条件下形成的,彼此相互平行或近于平行的一群节理叫节理组;在同一构造应力作用下,形成有规律组合的节理组,叫节理系。节理按成因可分为原生节理和构造节理。对节理的观察描述内容如下:

(1)确定节理类型。注意观察节理的长度和密度,根据节理的产状和成因联系确定节理系。然后,根据节理与断层和褶皱的伴生关系推断出节理类型,确定是走向节理、倾向节理或斜向节理,还是纵节理、横节理或斜节理。

(2)根据节理的形态和组合关系推断节理的力学类型,确定是张节理还是剪节理。张节理比较稀疏、延伸不远,节理不能切断岩层中的砾石,节理面粗糙不平呈犬牙交错状,开口呈上宽下窄状。剪节理常密集成群出现,节理面平滑、延伸较远,节理口紧闭,常由两组垂直的节理面呈 X 型组合。张节理比剪节理的工程性能差。

(3)测量节理的产状、密度和宽度。当节理的倾向和边坡方向近乎一致时,边坡的稳定性差。另外,还可以观察节理密度和宽度,一般用节理密集程度来表示,节理越密集,对工程影响越大。

(4)观察节理面间的充填物和饱水度。充填有软弱介质的节理,工程地质条件差,具有饱水节理的边坡或者岩体稳定性差。

四、劈理

劈理是指岩石受力后,具有沿着一定方向劈开成平行或大致平行的密集薄层或薄板的构造。沿着劈开的这种裂面称劈理面,相邻两劈理面之间所夹的薄板状岩片称微劈石。劈理面的产状也用走向、倾向、倾角表示。劈理使岩石具有明显的各向异性特征,劈理主要发育在构造变动强烈、应力集中的岩石地段,如褶皱构造的两翼、大断层的两侧及变质岩中,它不一定破坏岩石的完整性,但用力敲击时,岩石则容易沿劈理面劈开。

(1)流劈理是岩石受力作用后,由片状、板状或扁平矿物颗粒产生定向排列而成的,常见于变质岩中,如板岩中的板理,片岩、片麻岩中的片理等。在平行于矿物定向排列方向上形成易于裂开的劈理面,使岩石具有分割成无数薄片的特征。流劈理比较光滑,间距也小,仅几毫米。

(2)破劈理是岩石中平行密集并将岩石切割成薄片状的细微裂隙。它是岩石受剪切作用形成的,与岩石中矿物的定向排列无关。因此,破劈理沿着最大剪切应力方向发育,其间距一般为几毫米至几厘米,大多发育在硬脆岩石间的软弱岩石中或硬脆的薄层岩石中。破劈理与剪节理的区别在于其密集性,其间没有明显的界线。破劈理的基本特征是劈理面平直光滑、近于平行、延伸稳定、密集成带。

(3)滑劈理又称应变滑劈理或褶劈理,常发育在先存面理的岩石中,如板岩、千枚状板岩等,是一组切过先存面理的差异性平行滑动面或滑动带,从而造成先存面理由于差异性平行滑动而褶皱。

在野外，劈理的识别可从以下几个方面进行：①切穿不同成分、颜色、粒度岩层的面，可能是劈理面；②劈理在不同岩性的岩层中分布的频度与层面交角可能不同，甚至出现转折或弯曲；③切穿岩层的夹层、透镜体、排列方向密集的破裂面，可能是劈理面；④单个的劈理面一般延伸不远。在岩石强烈变形区和变质岩区工作时，应注意对劈理的观察，大量测量其产状并均匀地标注在地质图或构造图上，还要采集定向标本，供室内显微观测或研究使用，注意区分劈理和层理、测定劈理的间隔等。

第三节　崩塌与滑坡灾害野外调查方法

崩塌和滑坡灾害都属于斜坡地质灾害。斜坡地质灾害也俗称"地滑""走山""垮山"和"山剥皮"等。斜坡有自然形成的和人工开挖形成的，前者称为天然斜坡，是指赋存在一定地质环境中，受各种地质营力作用而演化的自然产物，未经人工改造，如河谷岸坡、山坡、海岸、河岸等；后者称为人工边坡，是指由于某种工程活动而开挖或改造形成的斜坡，如路堑、露天矿坑边帮、基坑边坡、山区建筑边坡。在秭归实习区，崩塌和滑坡是主要的斜坡灾害类型。

一、崩塌地质灾害

崩塌是指高陡斜坡上的岩土体在重力作用下完全脱离母体，以滚动、跳跃、坠落等方式运动，最后堆积在坡脚的现象（图4-9）。崩塌是斜坡破坏的一种方式，它对悬崖下的房屋、道路和其他建筑物，特别是线形工程的危害严重。

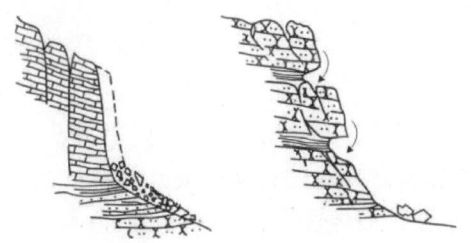

图 4-9　崩塌灾害示意图（左：坠落式；右：倾倒式）

根据崩塌体的规模等级一般可将崩塌划分为特大型、大型、中型和小型4类（表4-12）；根据崩塌形成的机理，可将崩塌分为倾倒式、滑移式、鼓胀式、拉裂式和错断式（表4-13）。在秭归实习区，链子崖危岩体属于特大型崩塌，不同变形部位表现出滑移－拉裂式、倾倒式运动特征。

表 4-12　崩塌规模等级

［据《滑坡崩塌泥石流灾害详细调查规范（1∶50 000）》（D2/T 0261—2014）］　　　单位：$\times 10^4 \text{m}^3$

灾害等级	特大型	大型	中型	小型
体积(V)	$V \geq 100$	$100 > V \geq 10$	$10 > V \geq 1$	$V < 1$

表 4-13 崩塌形成机理分类及特征

[据《滑坡崩塌泥石流灾害详细调查规范(1∶50 000)》(D2/T 0261—2014)]

类型	岩性	结构面	地形	受力状态	起始运动形式
倾倒式	黄土、直立或陡倾坡内的岩层	多为垂直节理、陡倾坡内直立层面	峡谷、直立岸坡、悬崖	主要受倾覆力矩作用	倾倒
滑移式	多为软硬相间的岩层	有倾向临空面的结构面	陡坡通常大于55°	滑移面主要受剪切力	滑移
鼓胀式	黄土、黏土、坚硬岩层下伏软弱岩层	上部为垂直节理,下部为近水平的结构面	陡坡	下部软岩受垂直挤压	鼓胀伴有下沉、滑移、倾斜
拉裂式	多见于软硬相间的岩层	多为风化裂隙和重力拉张裂隙	上部突出的悬崖	拉张	拉裂
错断式	坚硬岩层、黄土	垂直裂隙发育,通常无倾向临空面的结构面	大于45°的陡坡	自重引起的剪切力	错落

1. 崩塌的形成条件

崩塌的形成与地形地貌、岩性、构造、气候等条件有关。

(1)地形地貌。崩塌的形成与地形直接相关。地形强烈切割的山区、高陡斜坡部分、深开挖的基坑、矿坑中易发生崩塌。发生崩塌的斜坡坡度一般大于 45°,大多分布于大于 60°的斜坡上,坡面多不平整、上陡下缓。地形切割越强烈,高差越大,形成崩塌的可能性和能量也就越大。

(2)岩性条件。岩性对岩质边坡的崩塌落石控制作用明显,崩塌多发生在厚层坚硬岩体中。石灰岩、砂岩、石英岩等厚层硬脆性岩石易形成高陡斜坡,其前缘由于卸荷裂隙的发育,形成陡而深的裂隙,并与其他结构面结合,逐渐发展贯通,在触发因素作用下发生崩塌。由软硬相间岩层组合而成的陡坡,其软弱岩层易风化剥蚀而内凹,坚硬岩层抗风化能力强而凸出,失去支撑的部分常发生崩塌。某些土质斜坡,如高陡而垂直裂隙发育的黄土斜坡,也常常发生崩塌。

(3)构造条件。构造和非构造成因的岩石裂隙与崩塌的形成关系密切。要形成崩塌,岩体中需要发育两组或两组以上的陡倾裂隙。裂隙的切割密度对崩塌块体的大小起控制作用,断层密集分布区岩层破碎,高陡斜坡段已频繁发生崩塌灾害。当坡体岩石被稀疏但贯通性较好的裂隙切割时,常能形成较大规模的崩塌,具有更大的危险性;岩石裂隙密集而极度破碎时,仅能形成小岩块,在坡脚形成倒石堆。

(4)气候条件。气候对崩塌的形成也起到一定的促进作用。降雨和崩塌灾害的关系密切,大量调查表明,崩塌落石有 80%以上发生在雨季,特别是在雨中或雨后不久。干旱、半干旱气候区,由于强烈的物理风化导致岩石机械破碎而可能发生崩塌。季节性冻结区,由于斜坡岩石中裂隙水的冻胀作用,也可导致崩塌的发生。

(5)其他。在上述条件的制约下,若短时有裂隙水、地震或人工爆破等触发因素的作用,会突然发生崩塌,尤其是强烈的地震可引发大规模崩塌,以至造成严重灾害。

2. 崩塌灾害的调查要点

崩塌调查评估的目的是查明崩塌潜在的危岩体范围、规模、形成条件、诱发因素及发展过程等,为灾害监测预报、减灾防灾、防治工程可行性研究等提供可靠的依据。崩塌灾害调查主要面向危岩体进行,具体要点如下:

(1)危岩体位置、形态、分布高程、规模。

(2)危岩体及周边的地质构造、地层岩性、地形地貌、岩(土)体结构类型、斜坡组构类型。岩土体结构应初步查明软弱(夹)层、断层、褶曲、裂隙、裂缝、临空面、侧边界、底界(崩滑带)以及它们对危岩体的控制和影响。

(3)危岩体及周边的水文地质条件和地下水赋存特征。

(4)危岩体周边及底界以下地质体的工程地质特征。

(5)危岩体变形发育史。历史上危岩体形成的时间、发生崩塌的次数、发生时间、前兆特征、运动方向、运动距离、堆积场所、规模、诱发因素、变形发育史、发育史、灾情等。

(6)危岩体成因的动力因素,包括降雨、河流冲刷、地面及地下开挖、采掘等因素的强度与周期以及它们对危岩体变形破坏的作用和影响。在高陡临空地形条件下,由崖下硐掘型采矿引起山体开裂形成的危岩体,应详细调查采空区的面积、采高、分布范围、顶底板岩性结构、开采时间、开采工艺、矿柱和保留条带的分布、地压现象(底鼓、冒顶、片帮、鼓帮、开裂、压碎、支架位移破坏等)、地压显示与变形时间、地压监测数据和地压控制与管理办法,研究采矿对危岩体形成与发展的作用和影响。

(7)分析危岩体崩塌的可能性,初步划定危岩体崩塌可能造成的灾害范围,进行灾情的分析与预测。

(8)危岩体崩塌后可能的运移斜坡,以及在不同崩塌体积条件下崩塌运移的最大距离。在峡谷区,要重视气垫浮托效应和折射回弹效应的可能性及由此造成的特殊运动特征与危害。

(9)危岩体崩塌可能到达并堆积的场地形态、坡度、分布、高程、地层岩性与产状及该场地的最大堆积容量。在不同体积条件下,崩塌块石越过该堆积场地向下运移的可能性和最终堆积场地。

(10)可能引起的次生灾害类型(如涌浪、堰塞湖等)和规模,确定其成灾范围,进行风险的分析与预测。

二、滑坡地质灾害

滑坡是指斜坡岩土体依附于内在的或潜在的软弱结构面,在外力作用下,失去原来的平衡,产生了以水平运动为主的滑动现象。如图 4-10 所示为新生滑坡表现出的滑坡基本要素。

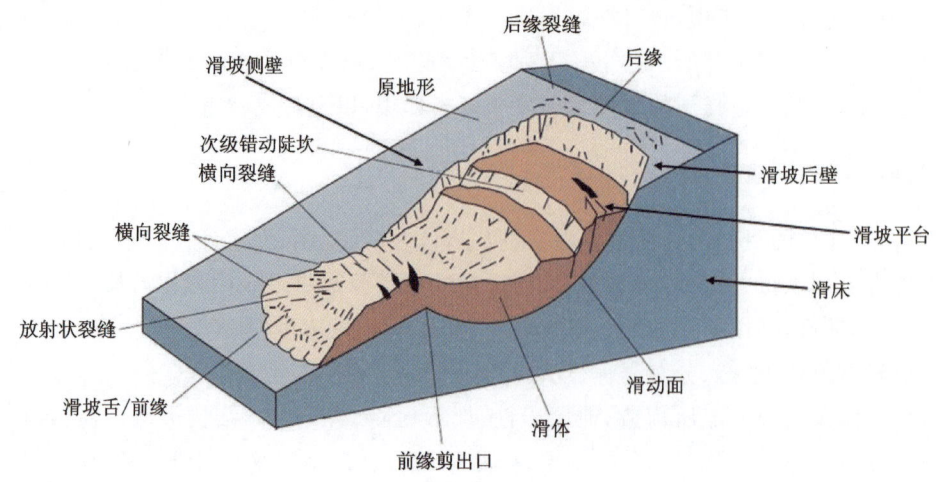

图 4-10 滑坡灾害要素示意图

根据滑坡体的物质组成和结构形式等主要因素,可按表 4-14 进行分类;根据滑坡体厚度、运移形式、成因、稳定程度、形成年代和规模等其他因素,可按表 4-15 进行分类。秭归实习区内新滩滑坡就是一起特大型、超深层古崩滑堆积体滑坡的复活。

表 4-14 滑坡物质和结构因素分类

[据《滑坡崩塌泥石流灾害详细调查规范(1∶50 000)》(DZ/T 0261—2014)]

类 型	亚 类	特征描述
堆积层（土质）滑坡	滑坡堆积体滑坡	由前期滑坡形成的块碎石堆积体,沿下伏基岩面或体内滑动
	崩塌堆积体滑坡	由前期崩塌等形成的块碎石堆积体,沿下伏基岩面或体内滑动
	崩滑堆积体滑坡	由前期崩滑等形成的块碎石堆积体,沿下伏基岩面或体内滑动
	黄土滑坡	由黄土构成,大多发生在黄土体中或沿下伏基岩面滑动
	黏土滑坡	由具有特殊性质的黏土构成,如昔格达组、成都黏土等
	残坡积层滑坡	由基岩风化壳、残坡积土等构成,通常为浅表层滑动
	人工填土滑坡	由人工开挖堆填弃渣构成,为次生滑坡
岩质滑坡	近水平层状滑坡	由基岩构成,沿缓倾岩层或裂隙滑动,滑动面倾角≤10°
	顺层滑坡	由基岩构成,沿顺坡岩层滑动
	切层滑坡	由基岩构成,常沿倾向山外的软弱面滑动,滑动面与岩层层面相切,且滑动面倾角大于岩层倾角
	逆层滑坡	由基岩构成,沿倾向坡外的软弱面滑动,岩层倾向山内,滑动面与岩层层面相反
	楔体滑坡	在花岗岩、厚层灰岩等整体结构岩体中,沿多组弱面切割成的楔形体滑动
变形体	危岩体	由基岩构成,受多组软弱面控制,存在潜在崩滑面,已发生局部变形破坏
	堆积层变形体	由堆积体构成,以蠕滑变形为主,滑动面不明显

表 4-15 滑坡其他因素分类表

[据《滑坡崩塌泥石流灾害详细调查规范(1∶50 000)》(DZ/T 0261—2014)]

有关因素	名称类别	特征说明
滑体厚度	浅层滑坡	滑坡体厚度在 10m 以内
	中层滑坡	滑坡体厚度在 10～25m 之间
	深层滑坡	滑坡体厚度在 25～50m 之间
	超深层滑坡	滑坡体厚度超过 50m
运动形式	推移式滑坡	上部岩层滑动,挤压下部产生变形,滑动速度较快,滑体表面波状起伏,多见于有堆积物分布的斜坡地段
	牵引式滑坡	下部先滑,使上部失去支撑而变形滑动,一般速度较慢,多具上小下大的塔式外貌,横向张性裂隙发育,表面多呈阶梯状或陡坎状
发生原因	工程滑坡	由于施工或加载等人为工程活动引起的滑坡,还可细分为:①工程新滑坡,为开挖坡体或建筑物加载所形成的滑坡;②工程复活古滑坡,为原已存在的滑坡,由于工程扰动复活
	自然滑坡	由自然地质作用产生的滑坡,按其发生的相对时代可分为古滑坡、老滑坡、新滑坡
现今稳定程度	活动滑坡	发生后仍继续活动的滑坡,后壁及两侧有新鲜擦痕,滑体内有开裂、鼓起或前缘有挤出等变形迹象
	不活动滑坡	发生后已停止发展,一般情况下不可能重新活动,坡体上植被较盛,常有老建筑
发生年代	新滑坡	现今正在发生滑动的滑坡
	老滑坡	全新世以来发生滑动,现今整体稳定的滑坡
	古滑坡	全新世以前发生滑动的滑坡,现今整体稳定的滑坡
滑体体积	小型滑坡	$<10\times10^4 m^3$
	中型滑坡	$(10\sim100)\times10^4 m^3$
	大型滑坡	$(100\sim1\,000)\times10^4 m^3$
	特大型滑坡	$(1\,000\sim10\,000)\times10^4 m^3$
	巨型滑坡	$>10\,000\times10^4 m^3$

1. 滑坡的形成条件

影响斜坡稳定性的因素十分复杂,斜坡内部岩土软弱性、坡体结构及不利地形往往是斜坡潜在不稳定性的主要内因,可能通过振动、降水、开挖卸荷、加载等外在因素的诱发作用,导致斜坡的失稳破坏,其主要的影响因素为以下几个方面。

1) 地形地貌条件

坡高及坡度是决定坡体稳定的最主要地形因素。斜坡越陡、越高,斜坡稳定性越差。只有处于一定的地貌部位且具备一定坡度的斜坡,才可能发生滑坡。坡度大于 10°且小于 45°、上陡中缓下陡、上部成环状的坡形是产生滑坡的有利地形。

2) 岩土类型及性质条件

岩土体是产生滑坡的物质基础。结构松散、抗风化能力较低,在水的作用下性质能发生变化的岩土,如松散覆盖层、黄土、红黏土、页岩、泥岩、煤系地层、凝灰岩、片岩、板岩、千枚岩等,以及软硬相间的岩层所构成的斜坡易发生滑坡。

岩土类型和性质表现在岩土强度、自稳能力、结构性(如层理、软弱夹层、原生节理、片理等发育情况)、不良性质(如土的膨胀性、湿陷性、对水的作用的敏感性等)。岩土体自身的强度大小是决定其自稳性能的重要原因,例如同样坡形条件下,由强度大或由软弱岩土组成的斜坡,稳定性极不相同。只从岩土强度来看,坚硬完整岩石能在很高陡的斜坡状态下维持长期稳定。

不同岩土结构的差异性影响斜坡稳定性,例如具有层状结构的岩层,其层理(尤其是软弱夹层)的存在是不利的条件;风化差异性的不同,如在岩浆岩地区斜坡上方往往存在巨厚层强风化岩土,对斜坡稳定性是不利的;对于土质斜坡,土的空隙性、结构松散、遇水软化性、湿陷性、膨胀性等都是不利于斜坡稳定的重要因素。

3) 地质结构条件

斜坡地质结构指的是斜坡岩土中发育的各种类型结构面及相互组合关系。对于土体坡而言,除裂隙黏土、裂隙黄土、土层与基岩不整合接触面以外,土层几乎不发育其他结构面,所以土坡结构控制作用不明显。而基岩斜坡,因发育构造裂隙面、风化裂隙面、原生结构面、变质片理面等,对其稳定性影响极大,可以说坚硬岩体的结构面基本控制了斜坡的稳定性。组成斜坡的岩体只有被各种构造面切割分离成不连续状态时,才有可能向下滑动。同时,构造面又为降雨等水流进入斜坡提供了通道。因此,各种节理、裂隙、层面、断层发育的斜坡,容易发生滑坡。

4) 振动的影响

振动由地震、爆破、机械运动等引起,其中地震的强烈振动对斜坡稳定产生的影响最大。地震振动可以短时内迅速增大静水压力,使得斜坡固锁段发生松动,整体强度减弱,对于饱水砂土斜坡还有振动液化问题。

地震造成斜坡岩土体结构破坏或者加剧原有的山体裂隙加速"发育",甚至贯通,新裂隙大量产生,山体稳定性大为降低,造成滑坡发生。地震也是常见的地质作用,但对人类社会造成破坏的地震在不同区域发生的可能性不一样,地震达到一定级别会对地质灾害有加剧作用。

地震振动作用强弱取决于地震强度、振动方向和持续时间。比如震中区振动强度大,并以垂直振动为主,远离震中区,振动方向渐渐趋于水平,振动强度迅速减弱。潜在滑移体质量越大,受振动作用力也越大。随着地震震级的增大,振动强度大幅提高,如当地震震级达到 8 级以上,震中区斜坡受到的振动作用是巨大的。

5) 水的作用

地下水活动在滑坡形成中起着主要作用。它的作用主要表现在降低岩土体的强度，产生动水压力和孔隙水压力，增大岩土容重，对透水岩层产生浮托力等，尤其是对滑面(带)的软化作用和降低强度的作用最突出。

降水转化为地下水后，在斜坡空隙内存留及渗透，对斜坡岩土体，特别是潜在滑移软弱面产生泥化软化作用、静水压力及动水压力作用。坡前地表水体对斜坡的冲刷破坏作用、浸泡软化作用等有时也是斜坡失稳十分重要的诱发条件。可以说，绝大部分斜坡失稳都是水诱发的。另外，水库(河流)水对斜坡产生浸泡软化、表水压力、冲刷、掏空作用，容易诱发滑坡。

6) 人类工程活动

不合理的人类工程活动，如开挖坡脚、坡体上部堆载、爆破、水库蓄(泄)水、矿山开采等都可诱发滑坡。

2. 滑坡灾害的调查要点

滑坡灾害的野外调查主要包括滑坡区域地质与地形条件调查、滑坡体调查、滑坡成因调查、滑坡危害、滑坡防治调查和滑坡稳定性野外判别6个方面，详述如下。

1) 滑坡区域地质与地形条件调查

(1) 滑坡所处的地理位置、地貌部位、斜坡形态、地面坡度、相对高度，沟谷发育、河岸冲刷、堆积物、地表水以及植被等。

(2) 滑坡体周边地层及地质构造。

(3) 水文地质条件。

2) 滑坡体调查

(1) 形态与规模：滑体的平面、剖面形状，长度、宽度、厚度、面积和体积。

(2) 边界特征：滑坡后壁的位置、产状、高度及其壁面上擦痕方向；滑坡两侧界线的位置与性状；前缘出露位置、形态、临空面特征及剪出情况；露头上滑床的性状特征等。

(3) 表部特征：微地貌形态（后缘洼地、台坎、前缘鼓胀、侧缘翻边埂等），裂缝的分布、方向、长度、宽度、产状、力学性质及其他前兆特征。

(4) 内部特征：通过野外观察和山地工程，调查滑坡体的岩体结构、岩性组成、松动破碎及含泥含水情况，滑带的数量、形状、埋深、物质成分、胶结状况，滑动面与其他结构面的关系。

(5) 变形活动特征：访问调查滑坡发生时间，目前的发展特点（斜坡、房屋、树木、水渠、道路、坟墓等变形位移及井泉、水塘渗漏或干枯等）及其变形活动阶段（初始蠕变阶段、加速变形阶段、剧烈变形阶段、破坏阶段、休止阶段），滑动方向、滑距及滑速，分析滑坡的滑动方式、力学机制和目前的稳定状态。

3) 滑坡成因调查

一般从自然、人为或综合因素的角度调查滑坡成因。

(1) 自然因素：降雨、地震、洪水、崩塌加载等。

(2) 人为因素：森林植被破坏、不合理开垦、矿山采掘、切坡、滑坡体下部切脚，滑坡体中—上部人为加载、震动、废水随意排放、渠道渗漏、水库蓄水等。

(3)综合因素：人类工程经济活动和自然因素共同作用。

4）滑坡危害调查

(1)滑坡发生发展历史，破坏地面工程、环境破坏和人员伤亡、经济损失等现状。

(2)分析与预测滑坡的稳定性和滑坡发生后可能成灾范围及风险。滑坡稳定性划分为稳定、较稳定和不稳定三级。通过对滑坡前缘、滑体与滑坡后缘表现出地形、地质和变形迹象，判别稳定性级别，具体依据可参考表4-16。

表 4-16　滑坡稳定性野外判别依据

［据《滑坡崩塌泥石流灾害详细调查规范(1∶50 000)》(DZ/T 0261—2014)］

滑坡要素	不稳定	较稳定	稳定
滑坡前缘	滑坡前缘临空，坡度较陡且常处于地表径流的冲刷之下，有发展趋势并有季节性泉水出露，岩土潮湿、饱水	前缘临空，有间断季节性地表径流流经，岩土体较湿，斜坡坡度在30°～45°之间	前缘斜坡较缓，临空高差小，无地表径流流经和继续变形的迹象，岩土体干燥
滑体	滑体平均坡度大于40°，坡面上有多条新发展的滑坡裂缝，其上建筑物、植被有新的变形迹象	滑体平均坡度在25°～40°之间，坡面上局部有小的裂缝，其上建筑物、植被无新的变形迹象	滑体平均坡度小于25°，坡面上无裂缝发展，其上建筑物、植被未有新的变形迹象
滑坡后缘	后缘壁上可见擦痕或有明显位移迹象，后缘有裂缝发育	后缘有断续的小裂缝发育，后缘壁上有不明显变形迹象	后缘壁上无擦痕和明显位移迹象，原有的裂缝已被充填

5）滑坡监测与防治工程调查

调查滑坡灾害监测和工程治理措施等防治现状及效果。

第四节　遥感地质解译方法

遥感是通过传感器在非接触目标物体的条件下，获取其反射、辐射或散射的电磁波信息，并进行加工处理、分析与应用的一门科学和技术，也是现代空间高技术的重要组成部分。遥感是集地球科学、信息科学、计算机科学技术、光学物理学、电子科学技术于一体的交叉边缘学科。遥感根据物理学、电子学、空间科学、信息科学获取数据，根据数学、计算机科学进行数据处理、分析，是以地学规律为基础的分析方法，广泛应用于地球科学、生命科学(图4-11)。

遥感按平台高度可以划分为地面遥感(近感)、航空遥感和航天遥感。按电磁辐射源性质分为被动遥感和主动遥感。按电磁波谱分为紫外遥感($0.05\sim0.38\mu m$)、可见光遥感($0.4\sim0.76\mu m$)、近红外遥感($0.76\sim1.0\mu m$)、短波红外遥感($1\sim3.0\mu m$)、热红外遥感($8.0\sim14\mu m$)、微波遥感($1\sim100cm$)，如图4-12所示。

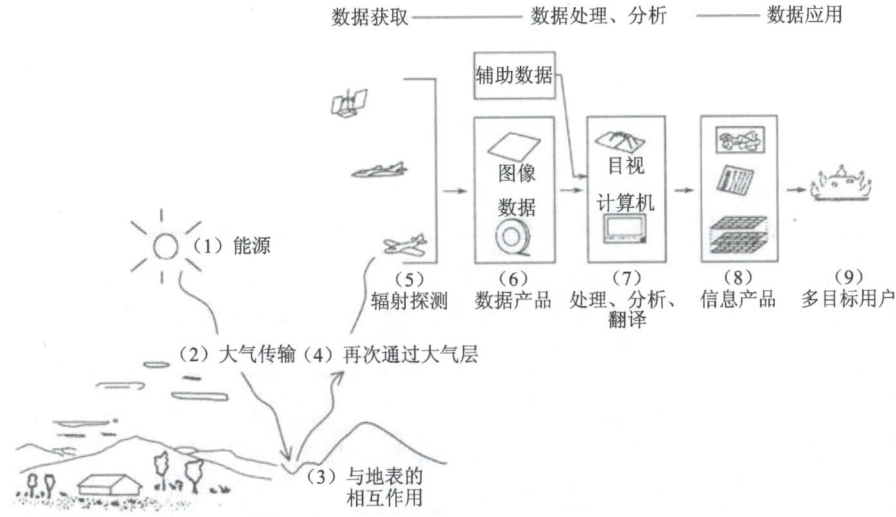

图 4-11 遥感技术的数据处理流程图

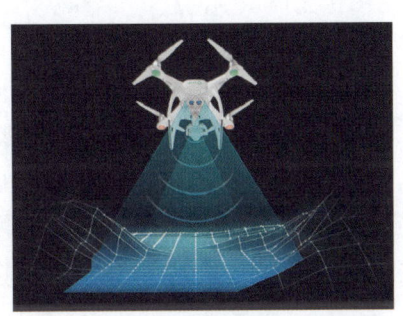

图 4-12 电磁波谱划分图

一、地学图像识别与空间定位问题

图像解译是从遥感图像上获取目标物质属性信息和空间图形信息的过程。按图像解译的方法和技术类型可以分为目视解译和计算机解译两种。遥感图像是一种形象化的空间信息,包含的信息量极为直观、丰富和完整,尤其是地球表层资源与环境的信息。地表物体的遥感图像识别要素可归纳为色调、形态、位态、时态四大类。它可以解决地学解译中的 4 个基本问题,即时间、地点、目标、变化的空间基本问题(When,Where,What Object ,What Change)。

(1)色调指地学目标在遥感图像上的灰度和颜色,包括地学目标的灰度、颜色和阴影等。图像色调是地物图像识别的基础和物理本质,也是图像识别的本体要素。图像色调是构成图像其他要素的物理基础,图像上的色调差异和变化形成了图像目标的形态、位态和时态。因此,地表目标的色调差异构成图像最基础的物理特性识别要素,如果一幅图像上不存在色调差异,为均匀分布的全白、全黑或全灰,就不可能产生任何有用的图像识别信息。

(2)形态指地学目标在遥感图像上的形状要素,包括地学目标的形状、轮廓、纹理、大小、图形结构及样式等。图像形态要素的构成取决于目标在地理空间上几何分布样式及其三维轮廓特征,从形态要素可以获取"What Object"的基本信息。同时,任何目标在地理空间上都不会孤立存在,其内部构成要素及外部空间关系都会影响目标的图像形态特性。

(3)位态指地学目标在遥感图像上的空间位置关系,包括地学目标分布的空间位置、区位态势、相关布局及空间结构等。图像位态要素是地物识别中解决空间定位、圈定目标边界、判断目标之间的空间关系、综合空间结构特征和分布规律的图像依据。从位态要素可以获取地物"Where"的基本信息。

(4)时态指地学目标在图像上的时间信息,包括地物的时相和变化基本特性。对地表目标而言,任何地理对象都会随时间的变化而变化,只是变化的时间尺度不同而已。如农作物长势、江河水位、城市建筑、道路延伸演进、海岸线变化、活动断裂构造、环境污染程度等,都会在一定的时间尺度内发生变化。对地球而言,全球性的变化如资源、环境、北极、南极、海平面、温度与冰川雪线演化等问题,也与时间尺度密切关联。从遥感图像的多时相周期信息中即可获取地理目标的"When"和"What Change"基本信息。

遥感图像识别的色调、形态、位态、时态四大要素取决于现代遥感技术的发展水平和对图像信息的处理能力,可以概括为地学图像识别的5个基本问题,具体如下。

(1)地理实体的光谱差异与图像光谱识别问题。传感器对地物的光谱分辨力决定对地表目标的识别能力和空间检测水平。地理实体的光谱差异特性由目标自身的光谱反射特性所决定,其图像可识别性取决于目标与背景之间的光谱差异性和目标在不同波段反射波谱的差异性;图像的光谱识别能力取决于传感器的光谱分辨力和光谱敏感程度。基于成像光谱仪高光谱遥感的光谱识别力较高,其技术特点是窄光谱区间和高灵敏度的传感器元件。

(2)地理实体的空间尺度与图像尺度所揭示的构像机理问题。对图像目标形态特征的识别取决于地理目标的尺度与像元尺度比例关系,卫星遥感图像的像元尺度一般为1~250m,高分辨率图像像元尺度可达到亚米级。图像像元尺度大小决定图像的地面分辨力,也直接影响对地理目标的识别和空间定位精度。MODIS卫星图像像元尺度为250~1000m,它只能对地理目标进行空间综合解译;Landsat图像像元尺度为30m,可以对地理及地质体单元进行1∶100 000比例尺的区域解译;Ikonos卫星图像的像元尺度为1m,它可以对自然灾害体及城市空间对象进行解译,并可进行1∶5000比例尺的各类专题制图。

(3)地理实体的三维特性与图像的二维数据结构问题。地理实体是三维空间的客观对象,遥感图像是基于二维的平面图像。在地学遥感解译中,通过遥感立体影像对三维光学模型在立体镜下或计算机立体观测下进行基于三维模型的空间解译和制图,也可以利用DEM(数字高程模型)数据和遥感图像融合处理生成的三维图像(实际为2.5维)进行立体解译制图。现代Lidar遥感是基于激光测高原理进行航线扫描的一种遥感方式,人们可以直接利用Lidar测高数据和同步航空数码图像进行融合生成的三维图像数据,解决对地理对象的三维解译和立体测图问题。

(4)资源环境的动态变化与时间分辨率问题。在不同时间尺度下,地球表层资源环境变化的程度各有不同,遥感图像的动态监测技术既与资源环境对象的时空演变性质及其变化量值有关,又与遥感图像的时间分辨率有关。如对森林病虫害监测、农作物估产、河流湖泊水位监测、洪水监测与灾情评估、土地利用现状监测、城市违章建筑监测、地质灾害监测、活动构造与地震监测、雪线与冰川监测等,对这些地理对象的动态监测都具有各自特定的时间尺度问题,这就要求选择适当的成像时间和覆盖周期来获取地理对象动态变化的基础信息及其动态变化信息。

(5)空间不确定性问题。地理数据不确定性是制约遥感(RS)与地理信息系统(GIS)发展的主要因素之一。如何识别、量化和可视化表达地理数据的不确定性现象,已成为空间科学领域新的研究热点。从遥感图像解译到地理数据获取的空间不确定性问题主要有位置不确定性、属性不确定性、时域不确定性、数据不完整性等。这就需要科学解决基于遥感图像在时空尺度上(空间分辨率、时间分辨率、波谱分辨率)所表现的不确定性问题,基于"同物异谱"和"同谱异物"现象产生的不确定性问题,由于地物多样性造成空间聚类的不确定性问题,造成位置、边界、属性不确定性问题,以及由混合像元所形成的地物位置和边界的不确定性问题等。

二、遥感图像解译方法与程序

遥感图像目视解译是指根据遥感图像解译标志和解译经验对图像目标的地学识别和解译过程。常用的解译方法有以下几种。

(1)直接解译法。直接解译法是根据遥感图像目视解译直接标志,直接确定地学目标属性与范围的一种方法。例如,可见光图像中水体呈现灰黑色—黑色,再根据水体的形状可直接分辨出水体是河流或是湖泊。在假彩色红外图像上,植被颜色为红色,根据图像颜色及纹理特征就可识别植被覆盖类型及其覆盖密度。直接解译标志包括色调、色彩、大小、形状、阴影、纹理、图案等。对于几何特征明显并在遥感图像上形成清晰的形态和边界特征的地质体,也可运用直接解译方法进行解译制图,如层状沉积岩、火山口、断层、褶皱、侵入岩体等地质体单元。

(2)对比分析法。对比分析法属于图像认知过程的一种基本解译方法。是按照图像标志对地学目标的图像光谱特性和空间结构特性进行比较与识别的方法,它是通过对相邻目标或在已知目标与未知目标之间进行比较达到识别地学目标的成分结构和空间关系的图像认知方法。遥感图像对比解译分析的图像标志与对比标准主要有图像光谱特征、尺度特征、几何形态特征、纹理结构特征、背景环境特征、空间结构特征、目标组合特征等,通过比较寻找其相似性或差异性进行图像目标的归类或分类。遥感图像地学对比分析的解译方法包括同类地物对比分析法、空间对比分析法、动态对比法、目标与背景的差异对比分类法等。其中同类地物对比分析法是在同一景遥感图像上,通过对已知目标与未知目标的对比进行归类或分类;空间对比分析法是依据多目标之间的空间结构的相似性或差异性进行对比,将相似性强的目标进行归并处理,将差异性大的目标进行分解或分类,还可对"已知"目标和"未知"目标的图像特征的对比分析进行解译;动态对比法是利用同一目标在多时相遥感图像形成的时间变差信息进行解译分析,研究目标的动态变化性质和变化尺度,如河流、湖泊在洪水季节与枯水季节的岸线变化,植物覆盖类型和覆盖密度在多时相图像中的动态对比可确定植被的长势或病害等现状。

(3)综合信息解译法。综合信息解译法是基于地理信息系统与遥感图像处理的基础平台,运用地学多元信息的空间分析方法,引入多证据判别理论进行遥感图像未知异常区的地学成因解译和图像识别的一种方法。如在综合信息遥感成矿规律研究中,对图像中环形构造异常的图像解译、对多组断裂交切复合结点图像异常的解译等,都需要引入地学探测勘察等非遥感成像数据进行综合信息复合处理,生成多元数据的综合性信息图像进行多证据条件下的图像解译。这主要包括矿床的宏观和微观地质特征数据、典型矿床的异常成因数据、地球化学异常数据、地球物理探测的地磁异常数据、重力异常数据、重砂异常数据、航放 Tu/U/K 异常数据等地学多源数据,运用多元信息的图像特征来分析遥感图像异常结构的成因机理和综合信息找矿模型、找矿异常标志及各种控矿因素,基于 GIS 的空间分析功能进行综合信息成矿预测研究。综合信息法的核心仍然是对遥感图像的异常信息进行解译分析,而不是将遥感图像作为一般的地理底图来分析地学多元数据。引入地学其他勘察数据的目的是利用多证据理论分析图像异常的成因类型,从遥感图像的空间结构来分析图像异常标志的成像机理。

(4)空间推理解译法。空间推理是从特殊到一般,又从一般到特殊的逻辑思维与逻辑推理过程。遥感图像地学解译的图像认识过程符合逻辑推理的思维认知过程。空间推理解译法就是基于地球科学理论和知识系统的图像认知思维在地理空间结构上的一种具体应用。这一解译过程必须具有两个前提条件:①解译者具备地球科学基础理论的一般性知识及野外工作实践经验;②解译者对图像标志具有一定的识别能力。如依据图像的色调反差界线所构成的纹理条带结构标志,运用沉积岩层在空间的产出状态与地形切割关系,就可作出下列推断结论:①图像的纹理线是由层状沉积岩构成的,并可排除其他成因类型;②依"V"字形法则,层状岩层的产状符合地层的空间展布规律;③依据沉积岩地层的空间展布形态判定该地层构成褶皱构造,或依据岩层的缺失、重复判定存在断裂构造等。上述 3 个推理结论,体现了从特殊到一般,又从一般到特殊的逻辑推理原则,图像特殊现象是纹理结构,而层状沉积岩"V"字形法则、褶皱、断层都是一般性知识。

(5)地学相关解译法。地学要素之间存在相互的成生关系,利用地学要素图像目标之间的内在联系性,就可进行相关解译和相关分析。在图像解译时,首先需要确定图像目标之间有无相关关系以及相关关系的类型,然后再依据地理环境中各目标之间的依存或制约关系,运用专业知识进行推断,确定待解译目标的地学性质、类型、状况与分布状况。

在地学相关解译中,还要确定地学目标之间相互关系的类型,即正相关关系和负相关关系、直线相关关系和曲线相关关系、简单相关关系和复杂相关关系等。如平原区的隐伏断裂构造与土壤层的含水性差异界线、植被覆盖类型差异界线、土壤盐碱化差异界线等,既可能与隐伏断裂有关,又可能与隐伏断裂无关,就属于复杂相关关系;而岩溶地貌类型标志与灰岩地层之间、丹霞地貌与砂岩地层之间就属于简单相关关系;断裂破碎带与线状沟谷地形要素之间为正相关关系;硅化蚀变岩带与山脊线之间就可能形成负相关关系等。

遥感图像的解译一般从以下图像解译的要素进行。

1. 几何特征

遥感图像的几何形态标志是由图像的形状、大小和位置基本要素所构成的。地学目标都具有其自身特定的外部形态结构,它是研究图像构像机理的基础。河流、湖泊、山川、丘陵、平原、沉积岩、侵入体、火山口等自然对象都具有特定的空间结构和位置关系,也是我们借助遥感图像识别其空间结构及物理属性的判定依据。地物的几何特征主要包括地物遥感影像的大小(图 4-13)、形状(图 4-14)等。

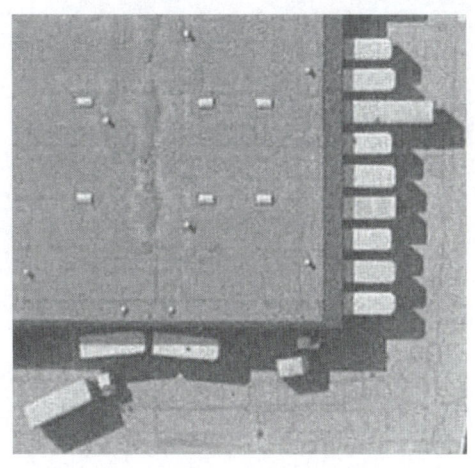

图 4-13 不同类型汽车的大小特征图

图 4-14 岩体的不同形状特征图

2. 色调与色彩特征

遥感图像的电磁辐射特性是由图像色调来表征的,因此图像色调是地表目标的电磁辐射能量的模拟显示。对定量遥感图像而言,图像的光谱特性可以直接与目标的反射强度、吸收强度或发射强度构成数学关系式,而一般遥感图像都是将目标的电磁辐射能量数值转换为模式的色调图像,通过色调的空间变换显示地表目标真实的空间形态和构象属性。色彩是地物波谱信息构成的影像特征。

(1)色调深浅的相对意义:色调受地物颜色、含水量、风化程度、覆盖物、植被掩盖程度、光照条件变化、成像技术等因素影响。

(2)在不同类型遥感图像上,色调深浅的物理涵义不同:

黑白全色像片——可见光反射能量大小(图 4-15);

黑白红外像片——摄影红外反射强弱;

多波段图像——相应通道响应波段辐射能量大小;

热红外图像——地物温度场的差异;

雷达图像——后向散射回波信号的强弱。

(3)彩色图像——色彩(图 4-16):以色别为主体冠以亮暗、浓淡等形容词。天然彩色片——影像色彩与地物本色接近;红外彩色片——影像色彩与地物本色不同。

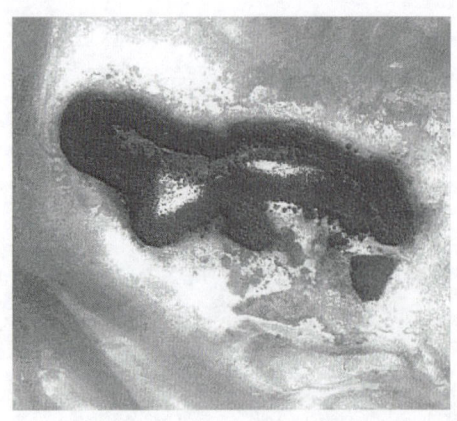 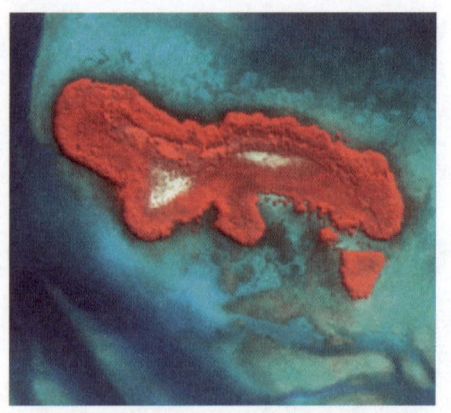

图 4-15　单波段灰度遥感影像图　　　　　　图 4-16　假彩色遥感影像图

3. 阴影特征

地物的阴影是太阳入射角与地物遮挡而形成的地物的影子。根据阴影的形状及大小可解译物体的性质、高度和结构。阴影的长度、方向和形状受到入射角度、入射方向和地形起伏等因素的影响，在阴影覆盖区会使目标模糊不清，甚至成为信息盲区。

阴影包括光阴影、热阴影和雷达阴影，阴影可掩盖阴影区地物本身的色调特征。热红外影像上的阴影是目标地物与背景之间辐射差异造成的，可分为冷阴影和暖阴影两种。例如，在烈日下飞机停放在飞机场，飞机遮挡了阳光直射，被遮挡的地面与阳光直射的停机场接收的太阳辐射不同，它们发射的热辐射强度也不同。当飞机发动机发动时，高温热气流冲出，在地面留下很强的热辐射。飞机起飞后对飞机进行红外摄影，从相片上看到喷气尾流在地面形成的喷雾状白色调阴影（热阴影），以及飞机在地面上留下的黑色轮廓（冷阴影）（图 4-17）。

图 4-17　飞机及其阴影遥感图

4. 纹理结构

纹理是影像上色调变化的频率。物体的纹理是它们的形状、大小、图案、阴影和色调的综合产物，它决定了图像特征从总体视觉上是"光滑的"还是"粗糙的"。随着图像比例尺的缩小，任何给定物体或区域的纹理会逐渐变细，直到最后消失。图像纹理是一种结构性集合体，它是地表目标色调表现的空间聚合图案或影纹图案。纹理图案是指在一定的范围内，地物的图像所显示出来的花纹特征,它们往往构成多种多样的图案。影纹图案是由色调、水系、山体等多种因素综合反映出来的。图4-18为西昆仑地区紫红色中厚层中细粒砂岩夹灰绿色中薄层粉砂岩构成的影像的纹理特征。

图4-18 沉积韵律构成的影像纹理特征

在地质遥感应用中,图像纹理可以用来建立岩石解译标志或特殊地质单元的识别标志。如灰岩的岩溶地貌类型、砂岩的丹霞地貌类型、泥岩类的树枝状水系类型等都具有典型的图像纹理标志。常见的图像纹理类型或影纹图案如下。

(1)条带状:呈直线状、曲线状,或呈有规律转折状,如沉积岩层和褶皱构造所表现的条带状影纹、土地利用现状中的耕地作物条带等。

(2)网格状:由两组以上的节理、断层或岩脉互相穿插、切割所构成的图像,如菱格状、肋骨状影纹等。

(3)环带状:包括圆形、半圆形、连续的或断续出现的环状影纹,如岩体、火山构造、穹隆、环状断裂和环状节理等。

(4)垄状:坚硬的沉积岩层、岩脉以及冰川终碛堤所形成的脊垄状影纹。

(5)链状、新月状:均是沙漠地貌的典型图像特征。

(6)斑点状:森林、植被所形成的麻点状影纹,点的稀密、大小与植物发育程度有关,也与图像比例尺有很大关系。

(7)斑块状:盐碱地、沼泽地、冰水沉积物堆积区常见,在浅色或灰色背景上出现白色或深色的花斑,形状不甚规则,杂乱分布。在卫星图像上,多期活动的中基性火山岩区有时也呈现这样的影纹。

5. 地貌形态

地貌形态是内力地质作用、外力地质作用、构造、岩性、气候等多种因素对地壳综合作用的结果。内力地质作用决定地貌格局,外力地质作用则是对地貌格局的形态刻画。

岩石类型及其组合、断裂构造则进一步在地貌的空间结构上、地貌形态走向及地形表现上进行控制或制约。如沉积岩区,地貌形态多受岩性、地层和构造作用类型共同影响;侵入岩区主要由侵入体规模和侵入体形态控制;火山岩区则由岩性、岩相单元及火山构造控制;而古老变质岩区,则由变质岩石类型及断裂构造控制其地貌形态。

外力地质作用不仅决定了地貌形态特征,而且可以通过河谷形态、阶地测量、河流袭夺等地貌专题研究区域地貌演化过程(图4-19),进而研究区域新构造运动特征及其构造演化史。因此,地貌形态标志对于区域地质－地理过程的遥感解译是重要的直接标志。

由于地貌形态是由岩石类型和地质构造控制,在外力地质作用下,尽管原始地貌形态遭受到改造和破坏,但是地貌格局总与岩石及构造类型具有内在的关联性。因此,地貌形态标志也是地质遥感的基础。

图4-19　河流及河流迂回扇地貌影像特征图

1)山地地貌形态标志

山地地貌形态和规模主要受区域地质构造控制。断块山地是由断块的差异升降造成的,它们的边缘往往有区域性断裂,山地内部也发育有与之相应的伴生构造。地势高差悬殊的高原及断陷盆地也同样多受断裂控制,而熔岩高地则是大面积玄武岩流溢和堆积的结果。在层状沉积岩和变质岩地区,层状岩层在空间上的展布格局决定了山地地貌的基本格局。如单斜构造、褶皱构造(图4-20)以及与之有生成联系的断裂构造都决定了山体的延伸方向和空间组合规律。

图4-20　向斜构造湖遥感影像

2)山体组合标志

主干山脊在空间的排列样式主要有平行状、相交状、放射状或不规则状,它们都反映了区域岩性、地层和构造的空间结构差异。研究山体间的组合关系时,要与水系分析结合起来,因为它们之间有着密切的成因联系。此外,地貌形态的突变与正负地形的相间排列(如山地、盆地相间分布)也应引起重视,它们可能与区域性断裂有关。

3) 山体形态标志

山体形态特征主要包括山体的规模大小、山脊的形状、山坡陡缓及对称性。影响山体规模的因素较多，而山脊和山坡的形态则与岩性、构造的关系较密切。

(1) 山脊(山顶)：山顶是浑圆的还是方的(平顶山)，山脊是平整的、尖锐的还是锯齿状的，均与岩层的产状、岩石的均匀性及抗风化能力有关。如锯齿状山脊常常是坚硬的岩层由于节理、裂隙发育而形成的。

(2) 山坡：山坡的坡面有陡、缓，光滑平整、阶梯状，凹形和凸形之分。它们反映了不同的岩性组合特征或岩层产状与坡面的不同组合关系。另外，山体两侧的对称性在很大程度上反映了岩层产状的陡缓及岩层倾向与坡面倾向的关系。

(3) 微地貌标志：微地貌形态及微地貌形态局部异常现象，尤其是当它们在平面上沿着直线方向连续出现或呈有规律的转折时，往往也是岩性变化或构造现象的反映。例如，山脊上的垭口、山坡上的陡坎或低洼带，可能是断层通过点，或者是岩性发生了变化。平原地区微地貌的变化有时有助于隐伏构造的解译。

(4) 河谷地貌标志：河谷是地表流水的谷道，与山地地貌相比属于负地形。河谷地貌是地壳内外力地质作用的综合产物，也是地表形变的最敏感地貌单元。因此河谷地貌标志对于地学解译而言具有特别指向意义。河谷地貌标志与水系标志具有较多的相似性，但在地学解译中，河谷地貌更强调河谷的纵向剖面、横向剖面、谷底特征、谷地演化等微地貌标志的研究。

4) 地貌类型标志

地学遥感研究中的地貌类型划分有别于传统地貌，它可以依据地貌的多成因进行分类。如基于高差的分类、基于岩石地貌的分类、基于构造地貌的分类、基于气候成因的分类及基于生态学的分类等。因此图像的地貌类型划分与标志建立的原则是将地貌类型与其成因类型或地貌过程关联，从地貌成因学上建立基于地学解译的地貌类型标志。

6. 水系类型

水系是由多级水道组合而成的地表水文网，它常构成各种图形特征。在遥感图像上一个地区的水系特征是由该地区的岩性、构造和地貌形态所决定的。因此，在地学解译中它是重要的图像标志之一。

7. 植被标志

植被是地表圈层中极为重要的生态层。任何植被类型都具有其特征的光谱组合图像标志，因此在遥感图像上的植被标志都非常明显，人们很容易断定某一地理单元是否存在植被覆盖层及其生长发育的程度。植被标志与地学内容具有高度的相关性，植被类型、植被覆盖程度、植被组合类型及其组合形态、植被在空间上的覆盖密度差异及其展布方向等都与下垫面的岩石类型、断裂构造、土壤类型、土地类型和气候类型具有成因上的联系。因此，植被标志是地学解译的基本标准之一。植被标志的基本要素有植被类型、植被覆盖密度、植被长势、正常植被与病态植被、植被组合类型、植被地理特征、植被地带性特征等。

三、岩性遥感判译方法

1. 岩性识别的原理

岩性遥感判译主要利用地物波谱信息、纹理信息和结构信息来识别岩性,图像上表现为大小、几何规模形状、色调、饱和度、纹理结构等。地表出露的岩石类型主要为沉积岩、岩浆岩和变质岩三大类,它们的图像特征主要表现在色调和图形结构两个方面,色调和色彩反映了三大岩类的波谱特征,图形结构反映了三大岩类的形态特征。

色调特征是地质体反射波谱能量和发射波谱能量经遥感传感器记录下来的图像灰度值,它和地质体之间存在着一定的对应关系。不同的地质体对相同波段具有不同的反射特性和发射特性,同一地质体对于不同波长又具有不同的反射特性和发射特性。现代遥感传感器的设计就是依据地表物体和地质体的电磁辐射特征及其典型谱带进行波段设计的,以达到利用多光谱遥感数据进行地表目标的图像识别目的。如在 Landsat ETM 多光谱的波段设计中,TM7 波段就称为"地质波段"。高光谱遥感传感器属于细分光谱的成像光谱仪类型,它所获取的多光谱图像称为高光谱遥感图像,主要用来进行矿物填图、蚀变岩填图乃至遥感找矿。高光谱图像提高了对矿物岩石的图像识别能力和对特殊含矿地质目标的图像检测能力,已成为今后地质遥感的主流数据平台。

图形结构特征是地表物体和地学对象的空间三维形体在图像平面上的构图反映,它是进行地学目标识别的重要标志。三大岩石类型在遥感图像上的图形结构及其所构成的几何图形样式都与岩石结构构造具有密切的成因联系。因此,基于遥感图像的几何形态标志,就可以对不同岩石类型及其出露的规模等级进行解译和判断。遥感图像的图形结构标志主要依据:①不同岩石类型的空间产状形态和构造类型;②不同岩石类型和地貌形态(宏观及微观)的成因联系;③不同岩石类型上覆土壤层和植被覆盖层对其基底岩层图像结构的影响及成因联系。

2. 三大岩类的图形学特征及其解译标志

1)沉积岩

沉积岩的波谱反射率取决于岩层的表观颜色、矿物及化学成分、结构构造、风化壳性质及风化程度、岩石表面覆盖物性状。矿物成分和岩石风化面颜色是主要因素。

(1)沉积岩的基本地质特征:具有层理。

(2)沉积岩的影像特征:条带状、条纹状、条带夹条纹状。

(3)沉积岩的影像解译标志:色调、色彩和图像特征。

(4)沉积岩波谱特征的基本规律:①当岩石以浅色矿物为主,岩石风化面颜色较浅时其反射率高,图像色调较浅,如石英岩、大理岩、白云质灰岩等。②当岩石以暗色矿物为主,表面富含三价铁矿物时,或当岩石风化面颜色较深时,其反射率较低,图像色调较深,如碳质岩、含铁锰质泥岩、杂砂岩、铁硅质磷灰岩等。③当岩石风化面呈各种彩色时,如红色、绿色、黄色等,其波谱反射特性以不同色别变化较大;图像色调不一,同一岩石不同波段间反射率差异增大,波谱曲线形态多变,如南方的红色砂岩层、黄土高原的黄土层、杂砂岩、含有不同成分的泥质页岩或泥质粉砂岩等。④松散沉积物波谱特征主要决定于矿物成分、表观颜色和湿度,其中尤以湿度影响最大。干燥光亮的堆积物,反射率偏高,图像色调较浅;潮湿土壤或湿泥,反射率偏低,图像色调较深,如黄土层、河床砂堤、冲积砂砾层、洪积扇体等属于强反射体高亮度图像目标;泥沼、炭泥质淤积层、红土湿地等,属于弱反射体的低亮度图像目标。

如图 4-21 所示,沉积岩中普遍存在的泥质物和碳质物使曲线平滑,削弱了某些有鉴定意义的特征,在 1.5～2.5μm 有几个吸收谷特征波谱(与岩石内铁、碳酸根、氢氧离子及水有关)。条带、条纹图像受构造或河流切割影响会发生变化(直线→折线),它的清晰程度表现出某套沉积地层中岩性差异大则条纹清晰,反之则模糊;差异风化导致条带、条纹图像反差增大;大比例尺图像上条带、条纹图形显示明显;小比例尺图像上条带、条纹不太明显,但仍可看出由条带缩小为条纹的纹理特征。

砾岩呈不均匀的斑杂状影纹图像,反映地形崎岖不平,垄岗地貌发育;砂岩呈规则条纹状影纹,反映山脊走向稳定;黏土岩-泥岩常不显层理,在低山丘陵地区常有蠕虫状、姜块状、肾状、脑纹状影纹图案;页岩呈断续细纹;碳酸盐岩在湿热气候条件下,岩溶地貌发育,图像上多出现格状、龟纹状、橘皮状、花生壳状图形(图 4-22)。

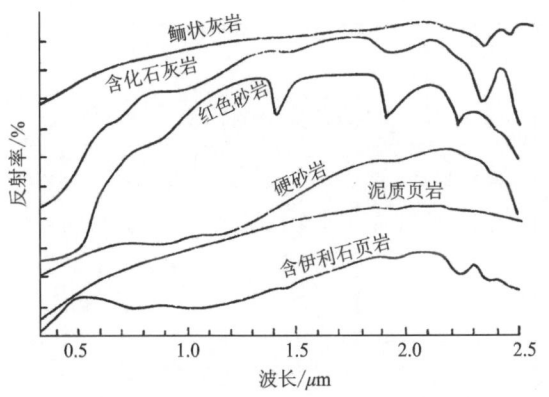

图 4-21 几种沉积岩的反射波谱特征曲线

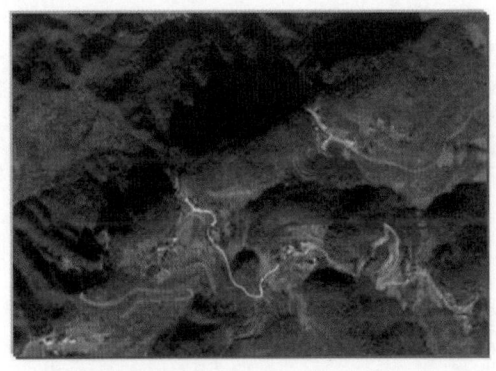

图 4-22 震旦系灯影组石板滩段灰岩形成的浑圆状岩溶地貌影像图

2)岩浆岩

岩浆岩的波谱反射率取决于岩浆岩的化学成分、粒度结构、岩石构造、表面风化性状及其地表覆盖类型等因素,而岩石的化学成分是主导因素。岩浆岩波谱特征的基本规律:①超基性和基性岩浆岩的反射率低,图像色调多呈深灰色至黑色;②中性岩浆岩反射率中等,图像色调为不同等级的灰色;③酸性岩浆岩反射率偏高,图像色调为浅灰色至灰白色,如图 4-23 所示。表 4-17 列出了侵入岩与喷出岩的影像判读标志。另外,反射波谱特性及色调均随岩石化学成分和矿物组合不同而有规律地变化,如表 4-18 和图 4-24 所示。岩性相似(同类)的岩石在不同波长的反射率和影像色仍有差别,如表 4-19 所示。

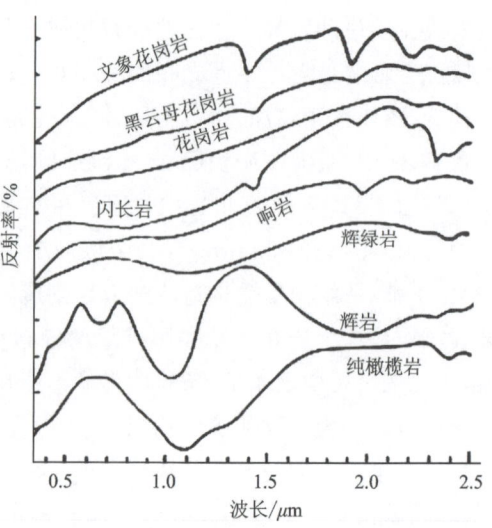

图 4-23 岩浆岩判读影像　　　　图 4-24 几种典型的岩浆岩反射波谱特征曲线图

表 4-17 岩浆岩判读影像标志表

岩性	标志					
	色调	影纹图案	地形(貌)	水系	植被与土地利用	其他
侵入岩	均匀,随岩性酸性—基性色调从深—浅变化	浑圆状、串珠状	穹形低缓圆滑丘陵或较高山地	稀疏树枝状、环状、放射状水系明显,受裂隙控制	超基性岩类不发育	无层理,有岩相带、围岩蚀变带,岩体长轴常与构造走向一致
喷出岩	暗灰色调	斑纹状图案,表面有粗糙感	火山地貌,舌状熔岩流,熔岩台地	树枝状、环状、放射状、平形状水系	植被稀少,土壤层不发育	玄武岩常具柱状节理,构成悬崖

表 4-18 几种典型岩浆岩的色率与反射率表

岩类	花岗岩	花岗闪长岩	石英闪长岩	闪长岩	辉长岩	纯橄榄岩
色率	9	16	18	35	35	98
反射率/%	30～50	15～30	15～30	10～30	10～15	>10

表 4-19 相同岩类岩浆岩对应的反射率

波长/μm	0.45	0.50	0.55	0.60	0.65	0.70	0.75
灰白色花岗岩	0.42	0.50	0.48	0.54	0.58	0.60	0.61
浅红色花岗岩	0.25	0.24	0.40	0.45	0.47	0.50	0.56
砖红色花岗岩	0.12	0.18	0.17	0.17	0.27	0.25	0.29

3) 变质岩

变质岩(主要是区域变质岩)按照原岩特性分为正变质岩和副变质岩两类。正变质岩的波谱特征与岩浆岩相近,副变质岩的波谱特征与沉积岩和部分火山岩接近。但是不同的原岩在经受变质作用后,生成的变质矿物种类繁多,岩石结构构造复杂,它们直接影响了变质岩的波谱特征和图像色调特征。

矿物成分决定变质岩的波谱特征,变质岩的反射率变化规律:①由浅色矿物,如石英、碳酸盐、透闪石、透辉石等矿物组成的石英岩、大理岩、钙镁硅酸盐岩石的风化面颜色一般较浅,反射率较高,图像色调也较浅;②黑云母、角闪岩、辉石、石榴子石、磁铁矿等暗色矿物含量较高的岩石,如黑云母片麻岩、角闪片麻岩、角闪石岩、辉石岩和磁铁石英岩等岩石的表面风化面颜色为深色—黑色,它们的反射率一般低于10%,图像色调为深灰色至黑色;③介于二者之间的变质岩波谱特征变化较大,如变粒岩、浅粒岩的反射率趋向于高反射率,而含绿泥石、绿帘石的岩石则趋向于低反射率;④变质岩的岩石结构构造与反射波谱特征关系密切,它的规律是千枚岩、板岩(除含碳质成分者外)、石英片岩、浅粒岩、石英岩、大理岩、均质混合岩等反射率较高,而绿片岩相岩石、角闪岩相岩石、辉石岩和磁铁石英岩类,反射率偏低。总之,构成变质岩的矿物成分较为复杂,各种变

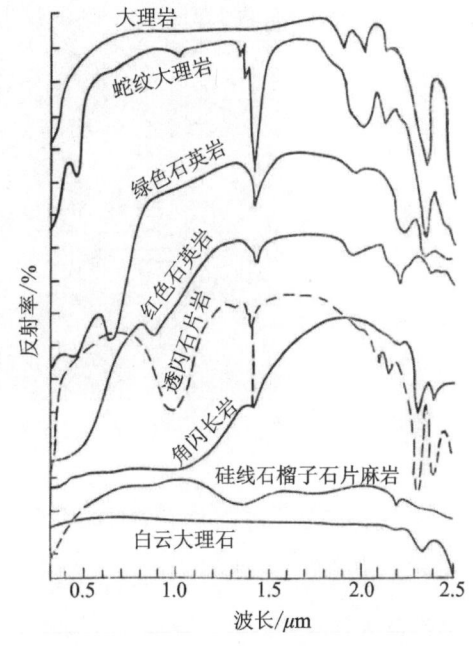

图 4-25 几种变质岩的反射波谱特征曲线

质岩的光谱特征互不相同,但同一类变质岩的光谱反射率特征基本一致。特征波谱(0.4～2.5μm)主要由铁、锰、铜等金属离子和羟基、碳酸根离子及水引起铁、锰离子导致蓝光波段曲线斜率增大,2.2μm、2.35μm 为羟基、碳酸根离子的强吸收带(图 4-25)。

3. 地层接触关系

地层接触关系是影像地层解译的重要内容之一。在影像地层解译中,地层接触关系通常是指角度不整合接触关系的解译,解译标志如下:

(1)沿接触面两侧的两套地层岩层产状不一致,走向线斜交或极不协调,这是角度不整合最主要也是最直观的解译标志。

(2) 在接触面上、下两套地层中的构造线方向或褶皱、断裂发育形式截然不同。

(3) 较老的构造形迹被新地层截然掩盖,例如老地层中发育的断裂、褶皱、岩脉、岩体等被上覆地层交切或掩盖。

(4) 上、下两套地层变质程度不同。两套地层之间,一套已变质,另一套未变质,或者一套变质深,另一套变质浅,这种变质程度的差异,反映了所经历的构造期次有所不同,因而有时也可以作为不整合的标志,但要注意区域变质作用差异所造成的类似现象。

(5) 地貌景观作为角度不整合的间接标志,如下层位和上层位具有不同的地貌景观或地表水系格局、植被覆盖类型差异、土地利用样式差异等,也可作为间接标志对这些异常现象进行解译推断,图4-26为秭归实习区莲沱组沉积岩层状地层与黄陵花岗岩纹理、土地利用和植被覆盖度差异特征。

图4-26 秭归实习区莲沱组沉积层状地层与黄陵花岗岩纹理差异影像图

四、地质构造的遥感判译方法

在遥感图像上,不同尺度的构造形迹和构造现象都可以直观、形象、概括地显现出来。地质构造遥感解译可以发现常规方法不易发现或难以认识的构造现象和区域构造的空间关系。因此,构造遥感成为地球科学研究领域的一个学术热点,从而引起地质科学工作者的高度重视。

1. 层状地质体产状的解译

层状岩石特征是层理发育、不同岩性岩层相间互层、波谱特性差异导致色调明显差异、不同岩性岩层抗风化能力不同、差异风化导致不同的地貌形态。岩层产状是由岩层层理构造形成的,图像纹理线是在地形切割的情形下形成的一系列纹线图案。它的构图原理是"V"字形法则,但由于地形切割的复杂性,就造成不同产状在复杂地形条件下的多种影像特征。

1) 水平岩层

倾角小于5°的岩层称为水平岩层或近水平岩层。水平岩层的影像特征与所处的地貌形态有关。在地形遭受强烈切割的地区,水平岩层的下伏岩层被剥露,遥感图像上显示出有规律的平行条纹、条带影像纹理图案,岩层纹理线围绕山包或山梁呈封闭的同心圆形或椭圆形分布,类似于地形图上的等高线特征(图4-27)。

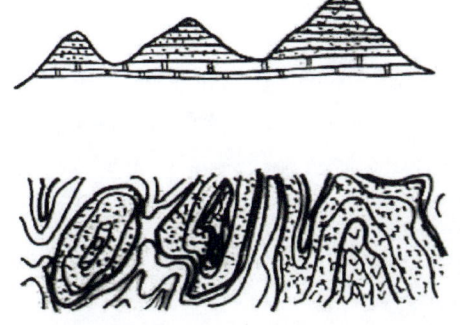 

(a)层状地质体产状在平、剖面图上的表现特征　　　(b)层状地质体在影像上表现出云朵状

图4-27　层状地质体产状的解译示例

水平岩层常常形成峡谷、方山地貌景观,即沟谷多为深切峡谷,山峰多为平顶山(或称方山、桌状山),山顶由较坚硬的岩层组成,对下伏岩层起着保护作用。由软硬相间岩层组成的山岳、山坡或峡谷的两岸往往形成阶梯状地形或层状山。水平岩层的影像特征有时与褶皱、梯田的影像特征很相似,解译时应特别注意。

2)直立岩层

直立岩层是指倾角大于80°的直立和近于直立的岩层。直立岩层的条纹、条带影像纹理线不受地形起伏的影响,在图像上呈平行的直线状延伸,其伸展方向即为岩层的走向线。

3)倾斜岩层

倾斜岩层是最常见的岩层产状类型,倾斜岩层产状要素为岩层走向(同一层面上的水平连线的方向)、岩层倾斜方向(倾向)、岩层与地表水平线之间的倾斜角度(倾角),按照岩层的倾向、倾角与地形坡度之间的组合关系,呈现出各种各样的图形,如岩层三角面、弧形面、梯形面等。同一岩层平面在三维空间上构成了一个倾斜的平面,该平面经地表的侵蚀作用后形成了与地表沟谷和山坡切割形成的岩层三角面。岩层三角面是判断和测定岩层产状要素的主要依据(图4-28)。

图4-28　倾斜层状地质体产状——折线或曲线

2. 岩层三角面的地形标志

1) 岩层三角面的概念

倾斜岩层的层面在地表露头线的最高点(山脊上)和最低点(沟谷中)之间的连接线构成的平面称为岩层三角面。岩层三角面形态受岩层倾角大小的制约和控制,从缓倾斜到陡倾斜,岩层三角面形态依次为锐角三角形、钝角三角形、弧线形、梯形,这些图形都被称为广义的岩层三角面。当岩层倾角直立时,就变成直线形。从几何学上讲,真正的岩层三角面是同一层面在空间上构成的三角形,被称为狭义岩层三角面,它是精确测量岩层产状要素的基础。而广义的岩层三角面并不强调同一层面的3个点所构成的三角面,而是泛指由层理线所显示的三角形图像特征,但它也可以用来目估岩层的倾向或倾角。

2) 岩层三角面与地形的关系

(1) 顺向坡和逆向坡。当地形坡向与岩层的倾斜方向相同时称为顺向坡,当地形坡向与岩层的倾斜方向相反时称为逆向坡。在遥感图像上,顺向坡上支流长而疏,次级冲沟较少;逆向坡上垂直岩层走向发育的小冲沟密集。在地貌学上,由缓倾斜单斜岩层形成的顺向坡和逆向坡所构成的山体形态称为单面山,其地形特点是顺向坡坡度小,逆向坡坡度大;由陡倾的单斜岩层所形成山脊形态则称为猪背岭,山脊两侧坡度都比较陡,不易分出顺向坡和逆向坡,也不易确定岩层的产状。

(2) 岩层三角面形态与产状关系。在遥感图像上倾斜岩层的三角面形态及其尖端指向服从于构造地质学中的"V"字形法则。依据岩层倾向、倾角与地形坡向之间的几何关系,按照"V"字形法则,就可快速判断图像中的岩层倾向,估计岩层倾角。典型情况有以下3种:①当岩层倾向与坡向相反时,山脊上岩层三角面尖端指向下游,沟谷中岩层三角面指向上游;②当岩层倾向与坡向相同,但岩层倾角大于地形坡度时,山脊三角形尖端指向上游,沟谷中岩层三角面尖端指向下游;③当岩层倾向与坡向相同,但岩层倾角小于地形坡度时,山脊三角形尖端指向下游,沟谷中的三角形尖端指向上游。

在实际工作中,习惯使用山脊上的三角面。山脊上岩层三角面尖端指向上游时,表示岩层倾向下游;山脊上三角面尖端指向下游时,表示岩层倾向上游。如果这个三角面尖而窄,其曲率大于地形等高线,则反映岩层倾向下游,且倾角小于地形坡角。连续多套岩层区,多个岩层三角面常沿倾向呈叠瓦状,沿走向则相连成锯齿状、波浪状或不规则折线状(图 4-29)。

3. 褶皱构造的解译

褶皱构造的基本解译标志如下:

(1) 地层标志层呈圈闭的圆形、椭圆形、长条形,岩层产状呈相向或相反对称分布特征(图 4-30)。

(2) 标志层有规律地转折为马蹄形、弧形、三角形,其层理条带的宽度按一定的规则发生变化,即可确定属于褶皱构造的转折端。转折端为圆形或同心环状、横跨主要构造线的弧线、"之"字形折线、"随风飘舞"的绸带状影像;地形上为长条形、弧形、"之"字形延伸的岭脊,呈带状弯曲影像特征的岩层同时具有岩层三角面产状有规律地偏转,构成马蹄形、弧形等几何形态是识别褶皱的重要标志,特别是在构造变动强烈地区,多发育紧密褶皱和倒转褶皱,其他标志往往不甚明显,寻找转折端是确定褶皱存在与否的主要手段,如图4-31和图4-32所示。

图4-29 岩层三角面航片

图4-30 褶皱构造影像图

图4-31 转折端处岩层产状
(外倾:背斜;内倾:向斜)

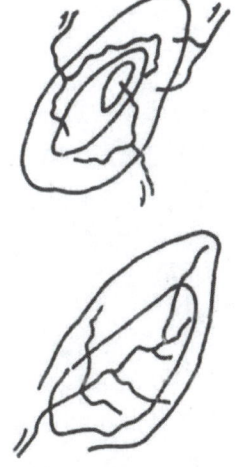

图4-32 转折端处水系
(向外撒开:背斜;向内收敛:向斜)

(3)岩层三角面的尖端指向变化标志,依据岩层三角面出现对称性或重复性,当一个区域岩层三角面尖端相向或相背分布时,说明有褶皱构造存在的可能性。背斜为两翼岩层产状陡缓相近,两翼岩层三角面山脊点尖端在分水岭相向,岩层三角面相背而倾,地形上切层陡坡相向而倾(背斜谷)。两翼岩层产状陡缓不同,陡翼三角面山脊点尖端夹角相对要钝(直线),向斜与背斜相反。

(4)同一岩层对称重复出现,或表现为色调、色带对称重复出现,出露厚度较大的岩层或相邻两厚层岩层之间岩性差异明显时(如厚层灰岩与厚层砂岩地层),可通过地形组合、水系形态和图像纹理标志的重复出现进行解译识别。影像主要特点为不同色调条带形成的纹形对称重复,地形、地貌特征构成的纹形图案对称重复。两翼岩层产状倾向相背为背斜,相向为向斜。当岩层厚度较大或岩层之间岩性差异明显时,也能通过地形组合、水系花纹的对称分布进行识别,如图 4-33 所示。

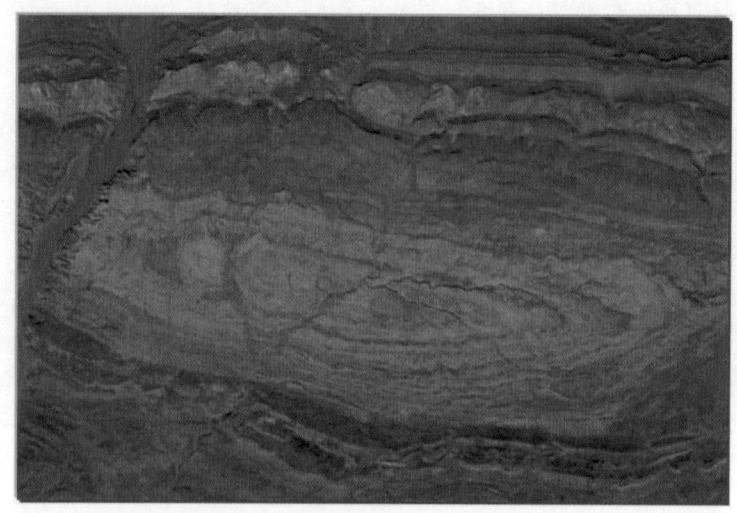

图 4-33 岩层对称重复出现的褶皱构造影像图

(5)特殊水系标志与褶皱构造亦具有空间相关性,如向斜盆地形成向心状水系;穹隆构造则形成放射状水系;正常褶皱的两翼往往有对称或相似的水系形式,但水系标志只能作为褶皱解译的间接标志。对于大型褶皱、隐伏褶皱、穹状隆起构造、新构造隆起及凹陷的图像解译,水系特征分析具有重要的指示性意义。

4. 断层与节理解译

断裂在图像上以独特的色调、形态、地貌、水系等影像特征表现出来,这些能反映断裂构造的独特影像特征,即各种地质解译标志的组合,称为断裂解译标志。节理与断层的不同之处在于断层有明显位移,而裂隙未发生明显位移(遥感意义上的节理)。遥感影像中的节理与断层的优势为断层延伸方向稳定,一目了然,可观察断层整体性及其交切关系、成生序次。图4-34 表达了断层及其派生节理和小褶皱的空间关系、成生关系,是遥感构造解译及分析的理论基础。

1)断层的识别

(1)地质体位移标志(水平或垂直方向)。水平方向的位移主要是沿走向追索某一岩层、岩脉、矿体或侵入体接触界线,影像突然中断、位错,导致与不同色调、地形等特征的另一组地层相接。

(2)构造发生错位。某些构造线(褶皱、断层、不整合面等)露头线在遥感影像上突然中断、位错(图 4-35),两盘相对扭动,使山体、地层错位,形成北北西-南南东线性异常影像。

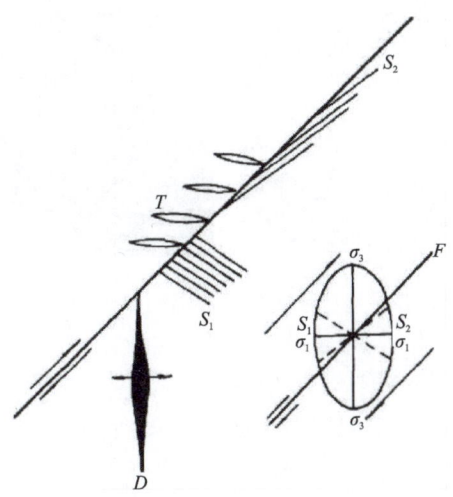

图 4-34　断层及其派生节理和小褶皱示意图

F. 主断层；σ_1. 派生应力场主压应力轴；σ_3. 派生应力场主张应力轴；
S_1、S_2. 剪节理；T. 张节理；D. 小褶皱轴面

图 4-35　北北西-南南东构造错断山体、地层影像图

(3) 构造地貌标志。直线状分布的陡崖（断层三角面）：沟谷一侧出现连续陡崖；若干与一沟谷相交的山脊在沟谷处突然中断；沿沟谷一侧构成一排坡度大体一致的陡崖。断层崖的成因：正断层、高角度冲断层、逆掩断层。需要注意的是，正断层形成的断层崖，经长期风化剥蚀坡度会变缓。如图4-36所示，地形上的陡坎、陡崖、垭口的直线状分布，并延伸一定距离是大多数断裂所具有的特征，较年青或有新活动的断裂往往有断层三角面存在。

山脊、湖泊、沼泽位错：地形效应表现为若干平行山脊沿一直线位错（扭动）（图4-37）。

图 4-36　呈直线状分布的地形陡坎影像图　　图 4-37　线位错的断裂构造影像图

对头沟(对头河):山脊或沟谷两侧的沟谷与山脊相对,沿同一直线发育,山脊处形成的较深垭口(鞍部)呈线状排列,且非某一软岩层,如图 4-38 所示。

直线状沟谷、洼地:①直线状沟谷。山间一些狭长沟谷,沿一定方向逢山穿山、遇谷过谷,延伸很远且与该地水系格局不协调。这些沟谷不是岩性控制而是断层沟,且这样的沟谷往往不止一条而是多条成组出现。②直线状洼地。具一定宽度的宽谷洼地沿一定方向呈直线状、舒缓波状、波浪状、锯齿状洼地出现,两侧常有倒石堆和山谷中冲出的洪积扇,顶端沿山脚线状排列。呈直线状展布的河流、沟谷、湖盆等线性负地形,具有明显的方向性,延伸较远,不同于一般的侵蚀负地形(图 4-39)。

图 4-38　对头河发育的断裂构造影像图　　图 4-39　具负地形的断裂构造影像图

色调异常界面:不同地貌区沿直线相接(山前断裂),剥蚀区与沉积区沿较长的直线相接。两侧地貌形态、水系切割状态明显不同,Qh 沉积类型及厚度也不同(图 4-40)。

图 4-40　山前断层的构造影像图

(4)水系及水文标志。水系及水文标志包括地表构造控制水系标志和基于断裂构造的地下水异常标志两类。当内部地质营力控制地貌总体格局时,外部地质营力则在构造形迹的制约下塑造地貌形态,这就是地表水系可以揭示构造形迹分布的成因机理。当地下水储存条件受到断裂构造控制或影响时,地下水就会沿着断裂出露或富集成溢出带。因此,利用水系网异常标志和地下水的溢出标志亦可建立断裂解译标志。

格状水系网:反映了近于正交的线性断裂结构。

菱形水系网:反映了斜交共轭线性断裂结构。

平行状水系网:反映了平行式的断裂系统或单面山构造地貌。

环状及放射状水系网:反映了环形构造、辐射状断裂或构造地质体的结构特征。

水系形态异常:如直线状、折线状等河谷异常段;河流呈直角状或锐角状的急转弯;深切峡谷段,多条河流的拐点或汇流点呈直线状排列;呈直线状排列的湖泊群、海岸线的异常段或折线段;岛屿或水下浅滩微地貌异常;水深的直线状突变带等,都反映了断裂对水体流向及深度的控制效应。

河道、湖盆的突然加宽或变窄异常段:反映了断裂对河道和湖盆的横切作用。

水文标志:地下潜水层泉点、地下水溢出带、线状土壤湿度异常、土壤盐碱化异常界面、干旱—半干旱地区的植被异常覆盖线等水文异常标志,也可作为断裂的识别或推断标志。图4-41为受构造控制的水系形态特征模式图。

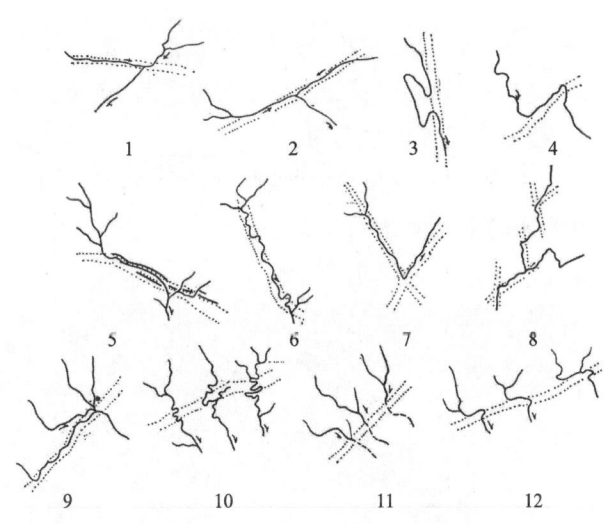

图4-41 几种受构造控制的水系形态特征示意图

1.倒钩河;2.对口河;3、4.河道急弯;5.深直峡谷(有陡崖);6.深直宽谷;7."之"字形河谷;8.河流汇聚;10.成线状的多条河流曲流段;11.成排河流沿某一地带变成为伏流;12.河流成排地沿一方向拐弯

2)节理的识别及其性质判断

图4-42为两种不同类型节理影像图,其中花岗岩中发育有近东西向呈锯齿状张节理(A)及北东向直线剪节理(B)。节理被脉岩充填,在影像内显示为深色线状体。

图4-43为X型共轭剪节理,花岗岩内北东向及北西向两组共轭节理密集产出,形成X型。两组节理分别被辉绿岩脉、花岗岩脉充填。

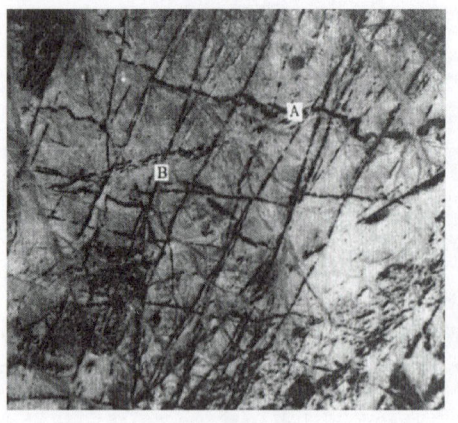 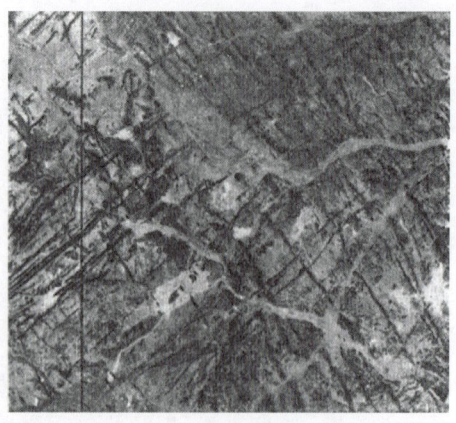

图 4-42 两种不同类型节理构造的影像图　　　图 4-43 共轭节理影像图

5. 地层角度不整合的解译

地层角度不整合为上、下两套地层在地质历史上有过沉积间断或地层缺失,两套地层成一定角度相接触,其解译标志如下。

(1)区域性两套地层,走向线斜交上覆地层,在不同地段分别与不同时代或不同产状岩层相接触,上覆地层与接触面产状一致。

(2)较老的构造形迹、岩脉、侵入体等被上覆新地层截然掩盖。

(3)上下地层构造线方向、褶皱型式、褶皱和断裂发育程度、变质程度明显不同。

(4)上下地层地貌景观、水系特征明显不同。

(5)不整合面上常有由上覆地层底砾岩形成的陡坎。

图 4-44 为新疆阿克苏地区中元古界长城系阿克苏群与震旦系苏盖特布拉克组间的角度不整合影像图,不整合面上下地层走向线小角度相交。

图 4-44　地层角度不整合的遥感影像平面特征图

五、崩塌、滑坡地质灾害的遥感解译方法

斜坡地质灾害的遥感解译主要采用以目视解译为主、人机交互式解译为辅、初步解译与详细解译相结合、室内解译与野外调查验证相结合的工作方法。解译时应采用从已知到未知、从区域到局部、从总体到个别、从定性到定量，按先易后难、循序渐进、不断反馈和逐步深化的步骤开展工作。由于灾害所处的变形或破坏阶段差异，通常在遥感图像解译过程中仅能发现灾害的部分要素。

地质灾害遥感解译标志指能通过影像识别灾害的重要依据，是能帮助识别地质灾害及其性质和相互关系的影像特征，如地貌特征、地质灾害体结构要素（如滑坡体、滑坡壁、滑坡台阶、封闭洼地、滑坡鼓丘等，泥石流堆积扇、泥石流物源、崩塌堆积体等）、形状、大小、色调、阴影、纹理等。遥感图像所显示的特定色调、纹理及几何形态组合，被称为灾害识别的直接标志，这些标志在新生灾害的影像上比较明显；而灾害在变形或破坏后造成的地形地貌、植被、水系及景观生态等的异常突变，可以称为灾害识别的间接标志，需要结合灾害成因机制综合判定。图4-45是新生的滑坡，其后缘表现出植被的不连续、地表的台阶状变形，拉张特征明显；前缘挤出并堵塞水系形成堰塞湖；两侧因植被的明显不连续而能判断其边界。滑坡体内部由于运动速度不同滑体分解破裂，该滑坡的结构要素保留完整，图像清晰，易于识别。

1. 室内解译工作

在充分收集和熟悉工作区地质背景、地质灾害资料的基础上，通过野外实地调查，分析地质灾害波谱特征和空间结构特征，分别建立区域环境地质条件及相应的地貌类型、地质构造、岩（土）体类型、水文地质现象和植被类型等遥感解译标志。

（1）平面形态。遥感图像上，滑坡的形态是解译的基础，包括滑坡后壁、滑坡体形态，都是滑坡解译的典型标志。如土质滑坡的平面形态有马蹄形、新月形、圈椅形、牛角形、梨形等各种形态，整体比例多为横长式，而岩质滑坡平面形态则多是纵长式或纵横式等，滑坡后壁开口方向朝向沟谷（图4-46）。

图4-45 滑坡体及其结构要素 SPOT5 影像图

图4-46 三峡库区千将坪滑坡影像图

(2)颜色。土体滑坡颜色整体以淡绿色—浅绿色为主。新发生滑坡的滑坡后壁土体裸露,色调较浅;后缘封闭洼地由于经常积水,呈深色调,滑体前缘一般呈浅色调。老滑坡体一般表现为粉紫色,新滑坡体显示紫色带墨绿色,与周围环境的色调差异很大。

(3)结构。滑坡多呈现扇形或圆弧形块状结构,影像纹理较粗,滑体上常有斑点状影纹出现。

(4)地形地貌。滑坡在影像图中的地形地貌特征有多种,如连续的地貌形态突然被破坏;由陡坡和缓坡两种地貌单元组成的坡体;坡体下方由于滑体挤压,有时可见到高低不平的地貌等。

(5)斜坡地形。河谷中形成的缓坡地貌,大部分为多期古滑坡堆积形成的。在峡谷中见到垄丘、坑洼、阶地错断,或山坡沟谷出现沟槽突然改道、横断面显著变窄变浅,以上现象都可能是滑坡存在的间接标志。

(6)植被。利用植被的光谱特征,在遥感影像上可将滑坡体上的植被与周围植被区分开来(图 4-47),滑坡体上的植被多表现为马刀树、醉汉林等现象,特别是在高分辨率的遥感影像中更加明显。

(7)水文。不正常河流弯道、局部河道突然变窄,滑坡地表存在湿地和泉水,斜坡前部地下水呈线状出露等均是滑坡的良好解译标志。

图 4-47 滑坡体遥感影像图

2. 野外调查和验证

在室内解译的基础上,通过对初步解译资料进行野外调查和验证,再进行详细解译,补充和修正初步解译成果,最终形成遥感解译成果图,以此确保遥感解译成果的质量和置信度。

3. 解译成果图件的编制

在室内解译成果的基础上,通过野外调查、验证、补充和修改后,提交最终的遥感解译成果系列图。

第五节　数字化地质填图工作方法

数字化地质填图工作方法是我国目前区域地质调查任务中实现地质问题和地质资源数字化的重要途径。数字化地质填图野外实践教学内容包含传统地质填图理论方法与数字化地质填图技术两大内容。传统地质填图理论方法是数字化地质填图的基础,是秭归野外地质实践教学非常重要的环节;同时,采用数字化地质填图技术将区域地质调查中所涉及的地理、遥感、基础地质、地球物理、灾害地质、生态环境等多源信息予以综合采集、管理、分析和存储等工作,已是科学技术发展的必然。为此,本章分传统地质填图理论方法和数字化地质填图技术两个方面进行介绍。

一、地质图与地质填图的基本概念

地质图是用规定的符号、色谱和花纹将一个地区的主要地质体和地质现象(如各种岩层、地质构造、矿床等的时代、产状、分布和相互关系),按一定比例概括地投影到平面图(地形图)上的一种图件。

地质填图是指沿着布置的观察路线,将地质点或构造点标在地形图上(即定点),并在地形图上勾绘出点周围的地质界线或断层线等的过程。因此,地质填图是一项以基础地质研究为主的调查方法。它或在实际观察和分析研究的基础上,或在航片和遥感影像地质解译并结合地面调查的基础上进行,是区域地质调查的一项基本工作。区域地质填图是获取区域地质图件的最主要手段,尤其是大比例尺地图,均来自于区域地质填图。前面所讲的野外踏勘、实测地质剖面等皆为区域地质调查工作的有机组成部分,也可视为地质填图的前期准备工作。

二、传统野外地质填图的基本要领

1. 明确填图比例尺

野外工作所用地形底图的比例尺应大于最终成果图的比例尺。如1∶5万区域地质调查使用比例尺1∶2.5万或者1∶1万地形图。一般情况下,不允许使用将较小比例尺机械放大制成的地形底图。地形图准备的数量应根据野外工作需要来确定。本实习区地质填图比例尺为1∶1万。

2. 确定观察点和线密度

为了确保填图质量,地质图对填图线距和点距有要求。原则上,要求线距100 m,点距一般应小于线距。实际点距视构造的复杂程度、基岩的出露情况和要解决的主要地质问题而决定,以不漏填图单位界线为准。滑坡灾害的填图单位为第四系残坡积物或崩坡积物。大于$100m \times 100m$的地质体和滑坡体要填绘;大于150 m宽的地质体和滑坡体至少3个地质点控制,产状和性质清楚的小断层可以只有1个地质点控制。

3. 确定填图单元

填图单元的划分是地质填图的基础，根据比例尺及岩性的一致性、稳定性、可靠性确定实习区的地质填图单元。实习填图单位为黄陵花岗闪长岩（$\gamma\delta Pt_3$ 或 $\eta\gamma Pt_3$）、莲沱组（$Nh_1 l$）、南沱组（$Nh_2 n$）、陡山沱组一二段（$Z_1 d^{1+2}$）、陡山沱组三四段（$Z_1 d^{3+4}$）、灯影组（$Z_2 dy^1$）一段、灯影组二段（$Z_2 dy^2$）、第四系（Qh）、滑坡体和断层等。

4. 布置观察路线

1）追索法

追索法指的是在制绘不同时代地层的地质界线时，沿地层走向，或者为了解决某一地质问题（如断层），而沿着一特定方向进行地质观察来填绘地质图的方法，该方法适应下列情况：①地层岩性、厚度变化大，只有在追索过程中才能准确地了解其横向变化，掌握地质界线的延伸和分布；②地质界线不明显，一定要经过追索才能填绘；③构造复杂、断裂发育地区，为了更好地填绘出断层线而采用追索法；④山脊、沟谷、水系平行于地层走向分布，地形条件有利于追索。

2）穿越法

穿越法指的是垂直或大角度斜交填图区的岩层或构造线的走向布置路线进行地质观察和填绘地质图的方法，其优点在于可以很快地了解到岩层的厚度、地层剖面及纵向变化。该方法适用于下列情况：①露头好，岩性、厚度变化不大，地层分界清楚；②构造相对较简单；③地形平缓，且沟谷、水系多垂直或斜交地层走向分布。

野外填图过程中一般以穿越法为主，局部地段辅以追索法。野外区域地质填图工作本身就是一个反复认识—实践—再认识的过程。按不同工作阶段的不同目的，野外地质观测路线可划分为踏勘路线、系统观测路线和检查路线3种。实习区内安排两条踏勘路线，由教师带领学生熟悉填图区域，教授野外填图的实践方法。系统观测路线是按照填图要求对区域系统布设的填图路线，由各小组独立完成，用以完成地质图的填制。路线的布置必须以全面控制测区主要地质体和构造形迹的形态与分布规律为目的，路线经过位置应尽量能控制地质体间的一些重要接触关系或重要构造部位，以求能收集到尽可能丰富的资料。路线应以垂直区域构造线方向的穿越路线为主，适当辅以追索路线。

填图过程中，若有新发现和新认识要及时向老师汇报，经老师检查和指导后确定。填图最后一天的检查路线，各小组按需设计，供有需要的小组进行补点与检查工作。

5. 地质观察点的布置

地质观察点是地质填图的基础，以直径1.5mm的小圆圈准确地标定在地形图上。一般定在不同时代地层分界线上；地层厚度变化较大处；沉积岩、变质岩和岩浆岩的分界处；各类褶皱的转折端、倾伏端、地层产状陡缓变化处；各类断层线上；具有特殊意义的地质现象处等。地质观察点就其点上及附近地质现象不同而点性亦有所不同，一般可分为岩性控制点、地质界线点、构造控制点等。观察到的地质现象按记录格式进行详细描述。总之，要以达到全面收集地质资料、正确解决地质问题为目的。

6. 地质观察点的描述与记录

1）岩性控制点

在较长一段距离内,同一岩性特征变化不大,但为了满足填图比例尺的要求,应适当定一些岩性控制点。不同的岩性控制点描述内容亦有不同。

如果是河流冲洪积物堆积,应描述记录堆积物的颜色、结构、构造、物质成分、粒度大小、磨圆度、分选性、胶结类型等。当可见阶地剖面时,应测量堆积物的厚度,观察记录其纵向和横向的变化,说明该点位于阶地(或河流滩)的什么部位。必要时测量扁平砾石的产状。如果是坡积物堆积,则应描述记录本点位于堆积物什么部位,坡积物的成分、粒度、砾石中有无矿化现象,堆积物的分布范围及其来源等。以上观察还应注意地貌形态。

如果是沉积岩区的岩性控制点,除要按前述描述记录的基本内容进行描述记录外,还应描述记录该点的岩性差异变化、岩层产状变化、露头情况等。

2）地质界线点

(1)岩性分界点。一般是同一地层组段中的不同岩性分界点,要按路线前进方向依序描述记录地质点两侧的岩性。除按前述描述记录的基本内容进行描述记录外,还应描述记录接触面产状,判定接触关系。

(2)地层分界点。一般是指不同组段之间的地层分界点。按路线前进方向依序描述记录点两侧的岩性各属于什么组段,然后分别进行基本内容的描述记录,最后对接触面产状进行描述测量,判定接触关系。露头良好、接触关系清楚的地质点上必须有素描图和相片。若发现特殊岩性,应同时采集标本、样品。

3）构造控制点

(1)断层构造点。除详细描述该点两侧的岩性特征外,还应重点搜集断层接触的地质依据,如两侧地质体产状、接触处的断层破碎带情况,通过破碎带中砾石的磨圆度以及有无定向排列的情况等来判断断层的性质以及构造应力的方向。观察破碎带中有无石英脉、碳酸盐脉等脉岩穿入。通过对节理面或断层面上的阶步判断断层位移方向或根据岩石节理裂隙的产状推断断层两盘的位移方向,对断层带的地质现象描述要有素描图和相片。另外,从宏观地貌上寻找断层通过的地方是否呈负地形,如垭口、沟谷等。

(2)褶皱构造点。一般是指小褶皱(褶曲)观察点。要注意搜集褶皱发育区的岩性、产状、褶皱轴产状、劈理产状;小褶皱的规模、两翼岩层产状,褶皱转折端形态。根据露头进行褶曲素描或照相。

(3)节理裂隙点。节理裂隙点的观察和测量在地质工程中十分重要,同时在区域地质调查工作中或专门的构造路线调查中也要求定点。在该点上除了对岩性特征进行描述记录外,还应侧重于对节理裂隙分布状况、密度、每组节理裂隙的产状、发育程度(如贯穿度、张开度)的描述记录。节理裂隙中有充填物时,需调查充填物的岩性、颜色、宽度、延伸情况等。

7. 地质路线点间描述记录

在地质填图过程中，点间描述记录同样十分重要。点间描述记录要像实测剖面那样（精度可粗略些），沿前进方向逐一对所观察到的地质现象进行定位描述记录，定位方法采用目估和结合地形地貌特征或 GPS 确定。具体记录格式要求参考第三章野簿记录格式与要求。

8. 路线信手剖面图的绘制

路线信手剖面是一条连续的地质剖面，对于分析研究工作区的地质构造起着不可或缺的作用。信手剖面图一般是边走边绘制，在绘制时要注意信手剖面图的摆放方位，遵循左西右东的原则。信手剖面图图件要素包括图名、方向（以每个点前进的方向）、比例尺、地形线、岩性花纹、地质体产状、样品采集位置及编号，以及路线穿越过的地物、地貌等。

9. 地质界线的勾绘

地质界线包括不同时代的地层分界线、断层线、不同地质体之间的分界线等，野外勾绘地质界线是地质填图中的关键一环。界线的勾绘就是把两个地质点之间的同一界线按实际出露勾绘出来。因此，在每一个地质点上，必须按地质界线出露的实际情况，在地形图上勾绘出所定地质点两侧的地质界线。根据地层产状与地形等高线的关系，地质界线在地表出露形态有以下几种情况。

(1) 水平岩层：地质界线与地形等高线平行或重合。

(2) 直立岩层：地质界线在地形图上是一条直线，完全不受地形影响，但受走向变化影响。

(3) 倾斜岩层：倾斜岩层的地质界线在地形图上的出露形态符合"V"字形法则。①当岩层倾向与地面坡向相反时，地质界线所形成的"V"字形弯曲和等高线的弯曲方向一致，但地质界线的弯曲度要小（简称为相反相同）；②当岩层倾向与地面坡向相同时，且岩层倾角大于地面坡度角时，地质界线的"V"字形弯曲和等高线的弯曲方向相反（简称为相同相反）；③当岩层倾向与地面坡向相同且岩层倾角小于地面坡度角时，地质界线的"V"字形弯曲与等高线的弯曲方向相同，但地质界线的弯曲度大于等高线的弯曲度（简称为相同相同）。

10. 工作要求

野外地质填图工作是一项集体工作，需要相互协作完成，在进行地质填图工作中须遵守如下要求。

(1) 以小组为单位，独立完成实习区地质填图工作。在填图工作中，以诚信为本，未观察到的地质现象或未完成的填图区域严禁借用其他小组的资料。

(2) 小组成员以 5~6 人为宜，分工大致为：①组长。负责小组填图工作中的各项工作，制定工作计划等；②掌图员。主要负责定点、勾绘地质界线等；③记录员。按相关要求记录描述地质点上的地质现象和点间所观察到的地质现象等；④标本采集员。主要负责填图工作中采集各种标本，标本编号必须与野簿上的一致；⑤后勤保障员。主要负责整个小组的后勤保障工作，包括干粮、饮用水等。其他成员则辅助上述成员的工作。在填图工作期间，小组成员的工作应进行适当的轮换,使每个成员都能够熟悉了解填图工作的各个环节。

(3)及时整理补充野外观察的资料。由于野外工作的特殊性,在野外观察描述中难免有不足之处,因而可以利用午饭后的休息时间和回站后时间,对当天的资料进行整理补充。该项工作十分重要,不仅能使记录的资料更为全面,也有利于后期实习报告的编写,而且能及时发现野外填图工作中的疏忽或不足,给予纠正或完善。

(4)野外安全防护是顺利完成野外地质填图工作的首要工作,各小组在野外填图工作中必须严格遵守相关的安全规定,小组成员必须统一行动,严禁分头进行填图工作,一经发现,将取消该小组填图阶段的成绩,对造成事故或产生严重不良影响的,将取消实习资格并勒令离站。

三、数字地质填图方法

数字地质填图方法是指在区域地质调查中,应用地理信息系统(GIS)、卫星定位系统(GPS)和遥感系统(RS)等技术,结合计算机软硬件进行野外数据采集、建库、成图、管理和分析一体化的数字作业(李超岭和于庆文,2003)。数字地质填图技术的主要流程如下。

(1)搜集能反映工作区地质研究程度的最新成果资料并进行数字化与数据整合,建立相应的数据库,生成工作区基础地质与地形背景图。在本实习区,需提前准备地形图,可通过ArcGIS软件数字化,也可通过数据格式交换方式导入填图系统。工作区矢量数据为Shape-file格式,图像可用BMP、JPG等格式。

(2)建立工作区(或图幅)的电子字典库、项目标准化进程(地质实体对象数据模型)。

(3)基于GIS技术、正射影像图与GPS辅助定位的图形界面,在掌上机野外数据采集系统上创建并记录野外地质路线的观测数据(如岩性控制点、地层分界点、灾害点等),获得详实的第一手基础资料。记录过程中,要注意取全、取准野外各项原始地质资料;空间数据要实现矢量化、点状实体符号化,所有数据最终在ArcGIS软件中存储为Shapefile格式。

(4)在数字填图系统的电脑端,实施数据交换、当天野外数据进库、路线总结、地质连图等,完成当天野外工作的电子化。

(5)在数字填图系统的电脑端,更新电子野外手图。建立以图幅为单位的样品数据库、专题数据库、剖面数据库、地质点库、数字地质图空间数据库、影像数据库等。

(6)实现多源地质调查数据与空间数据的挂接、检索与分析与应用。

(7)第(3)~第(6)步循环至野外工作结束。

(8)在GIS平台生成数字地质图、各种专题图和空间数据库等。

第六节 基于地理信息系统的地质制图方法

地理信息系统是一种对空间数据采集、存储、管理、显示、制图的计算机系统和集成工具。本教程以ArcGIS 10.2平台为例,介绍实习区地质制图的基本方法。

一、ArcGIS 平台简介

ArcGIS 是美国环境系统研究所公司（Environmental Systems Research Institute，Inc. 简称 ESRI 公司）开发的一款地理信息系统专业软件。该平台有 3 个桌面应用程序：ArcCatalog、ArcMap 和 ArcToolbox。ArcCatalog 用于空间数据库内容的管理、数据库设计及元数据的记录与浏览；ArcMap 用于地图编制、编辑和分析；ArcToolbox 用于数据转换和地理处理（Geoprocessing）。通过这 3 个应用程序的协调工作，可完成包括制图、数据管理、空间分析、数据编辑和地理处理（Geoprocessing）在内的从简到繁的各种任务。

其中，ArcMap 是一个可用于数据输入、编辑、查询、分析等功能的应用程序，具有基于地图的所有功能，实现如地图制图、地图编辑、地图分析等功能。ArcMap 包含一个复杂的专业制图和编辑系统，它既是一个面向对象的编辑器，又是一个数据表生成器。ArcMap 提供两种类型的地图视图：数据视图和布局视图。在数据视图中，用户可以对地理图层进行符号化显示、分析和编辑 GIS 数据集。数据视图是任何一个数据集在选定的一个区域内的显示窗口。在布局视图中，用户可以处理地图的页面，包括地理数据视图和其他数据元素，如图例、比例尺、指北针等。本次实习主要使用 ArcMap 实现地质图的制作与输出。

二、地质图的 GIS 制图方法与要求

遵循本书第四章第五节所述数字地质填图方法，最终将准确无误的各类数据整合到 ArcGIS 平台，根据流程和要求开展制图工作。

1. 基础图层

(1) 底图：包含填图区地形图、遥感影像正射图等。

(2) 地层分布图层：矢量面文件，根据野外实测的岩性分界点、岩性观测点，辅以遥感影像勾绘得到各地层的分布状况。图层属性表中应包含地层代号、岩性描述、岩层产状信息，同时将地层代号以标注的形式显示于图件上。在编辑矢量文件的过程中，注意将相同属性地层的分界点连在一起，形成地层与地层之间的界线。

(3) 构造分布图层：矢量线文件，根据野外实测地质构造点，辅以遥感影像勾绘得到各构造的分布状况。图层属性表中应包含构造类型、构造基本描述等信息，可根据构造类型的差别以不同的线样式、颜色展示于图件上。

(4) 地名图层：矢量点文件或标注图层，根据实际走访和历史文件资料、影像等，将地名标注于图件上，标注方式可为点文件标注属性或直接建立标注图层。

(5) 其他：图名、指北针、比例尺、图例、经纬网、责任表等必要内容将在后续的教程中作出详细的讲解与规定。

(6) 注意统一所有文件的坐标系。

2. 图层编辑的基本操作

(1) 调整图层顺序，更改显示分类。如图 4-48 所示，在左图层列表里拖拽图层上下顺序，以更改图层的显示顺序，保证必要信息不被遮挡。一个图层中可包含多种信息，如地名分布图层中包含众多不同类型的地名，可通过不同图标对不同地点加以区别。右击图层属性，进

入 Symbology 界面,选择 Categories—Unique values,通过选择 Value Field,即需要分类的属性字段来添加不同地名下的不同图标。

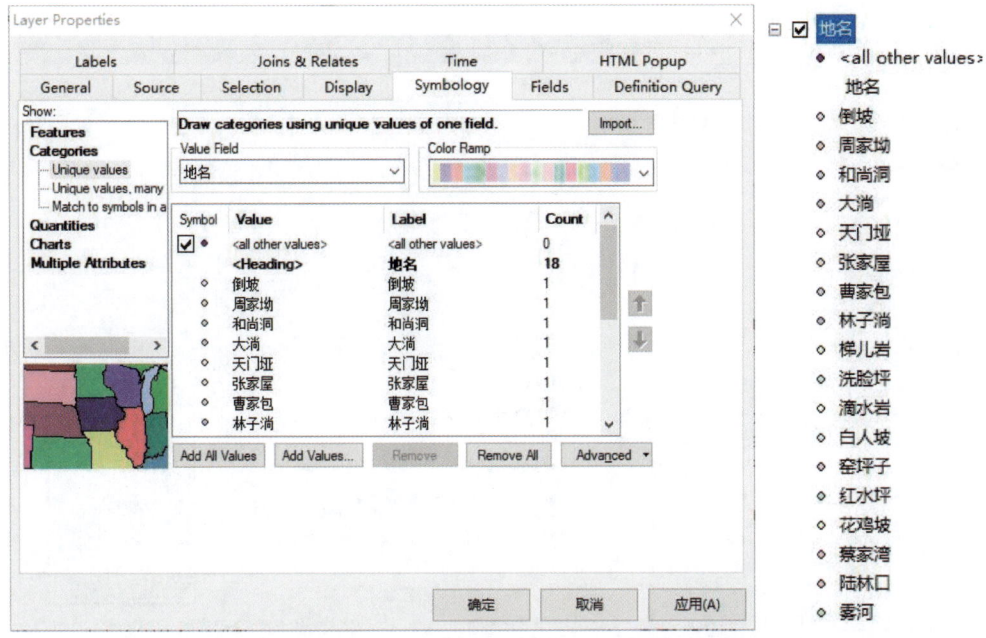

图 4-48　图层编辑的基本操作界面(左:图层列表;右:地名图例)

(2)更改图标。通过点击图层下方的图标可进入图标修改界面(图 4-49),在此界面可以修改颜色、填充色、线宽、线性等众多图标属性,根据图层性质选择合适的图标。

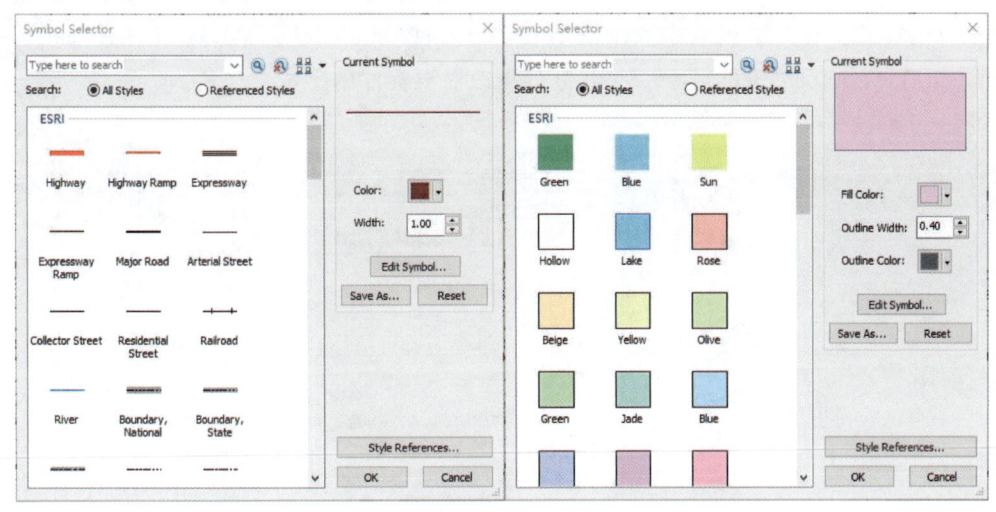

图 4-49　图标更改操作界面(左:线状图标;右:面状图标)

(3)设置图幅。点击地图主显示框下面的 Layout View 按钮进入 Layout View 界面(图 4-50),此界面主要用于图件的输出。点击菜单栏 File—Page and Print Setup 进入图幅的设置界面,设置纸张大小(A3、A4、自定义等)、纸张方向(横向与纵向)、打印机等参数。

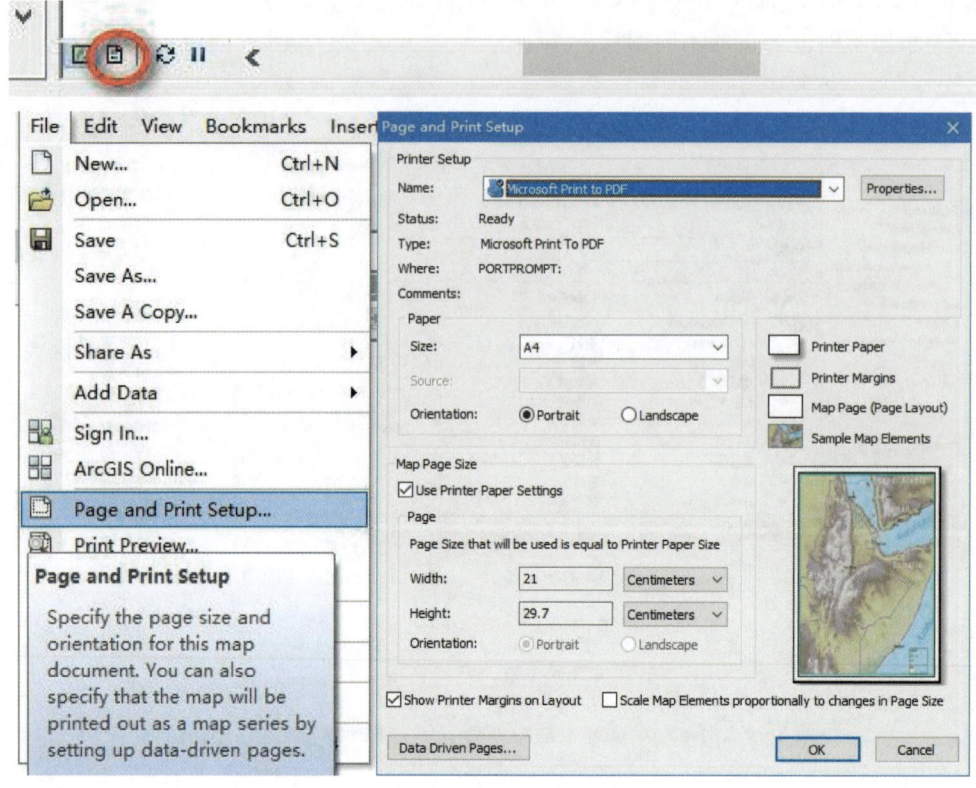

图 4-50　设置图幅操作界面

(4)调整主显示框并添加标注。在主显示框内点击右键—属性—Frame 界面(图 4-51),调整边框的样式。在图层列表中点击图层右键—属性—Labels 界面,勾选 Label features in this layer 后,在 Label Field、Text Symbol 处更改需要标注的字段与样式。

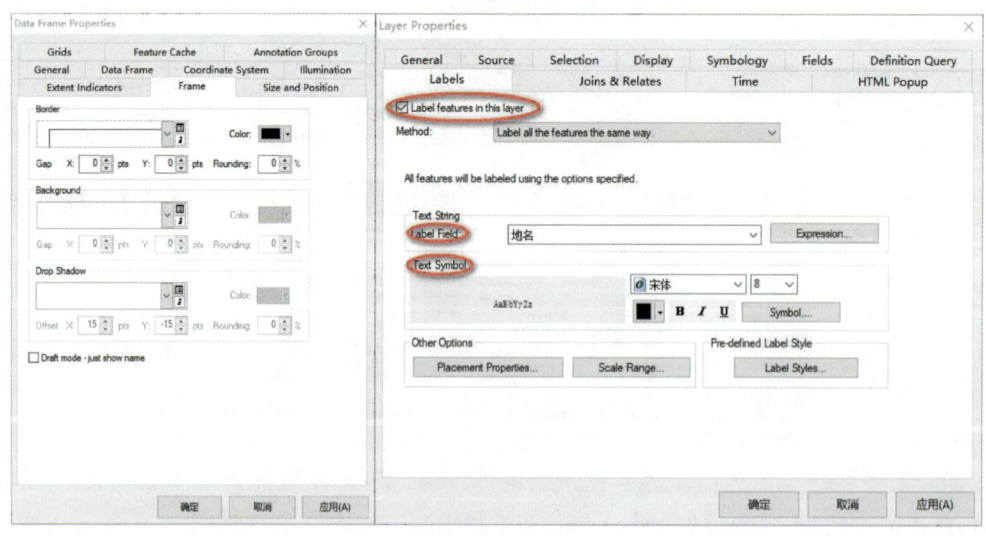

图 4-51　调整主显示框操作界面

（5）添加图名、指北针、比例尺。点击菜单栏 Insert 下的 Title、North Arrow、Scale Bar（图 4-52），分别添加图名、指北针和比例尺。在图名上点击右键—属性，可以调整图名的内容、字体大小、排列方式等。在比例尺上点击右键—属性，在 Division Units 中调整长度单位。拖拽指北针、比例尺的绿色调整点，将它们摆放至图幅内的合适区域，调整至合适的大小及比例。

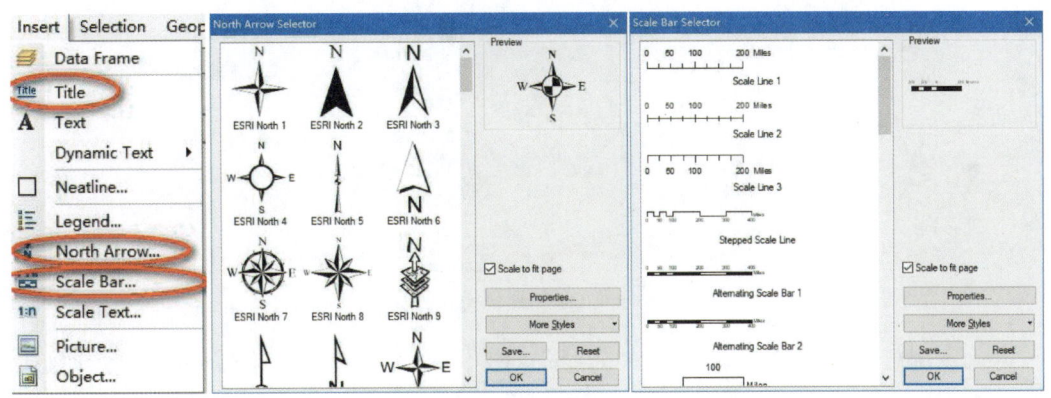

图 4-52　添加图名、指北针、比例尺操作界面

（6）添加经纬网。主显示框内点击右键—属性—Grids 界面（图 4-53），点击 New Grid 新建经纬网，选择 Graticule 经纬网并命名。点击 Style 更改内部网格样式，并在 Intervals 内设置经纬网间隔。在 Labeling 内更改标注样式，完成经纬网的建立。在 Grids 界面点击 Properties，进入 Labels，在 Label Orientation 中更改左右两侧标注的文字方向。

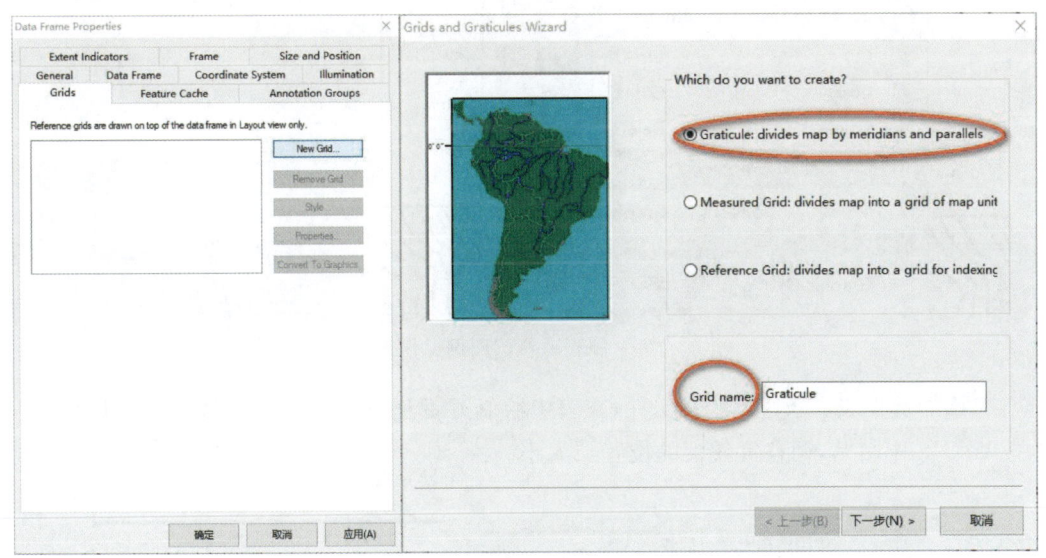

图 4-53　添加经纬网操作界面

（7）添加图例。点击菜单栏 Insert 下的 Legend（图 4-54），插入图例。利用中部的左右箭头选择需要显示图例的图层，利用预测上下箭头调整图例显示顺序。更改 Legend Title 图例抬头，下方区域内更改图例字体颜色、大小、排列方式等。选择图例区域边框样式，更改图标大小以及更改图标排序方式。

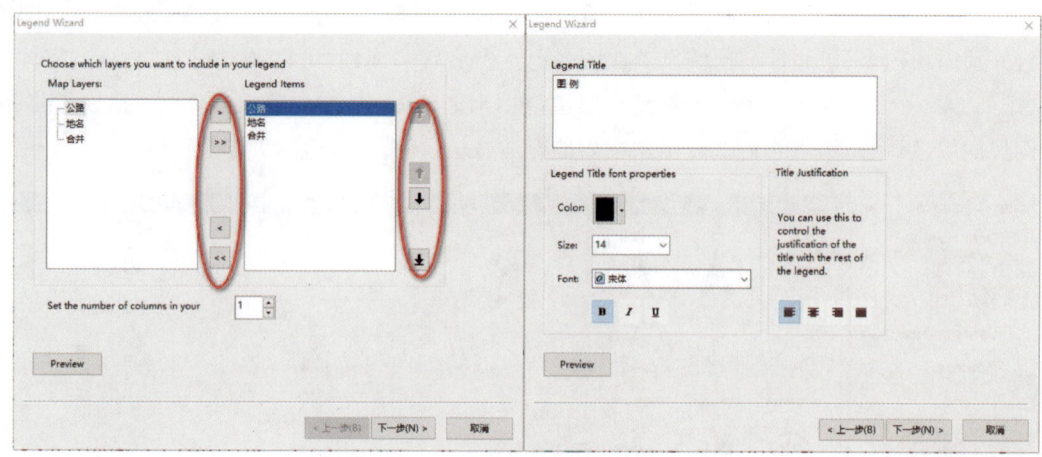

图 4-54　添加图例操作界面

添加图例后,右键点击 Convert To Graphics(图 4-55),再右键点击 Ungroup,重复此操作可将图例拆分为一个个独立的图标与文字框,进行进一步修改操作;修改、选中多个部分后可通过右键中的 Align 与 Distribute 进行对齐与平均分布,最后通过 Group 操作重新整合为一部分。

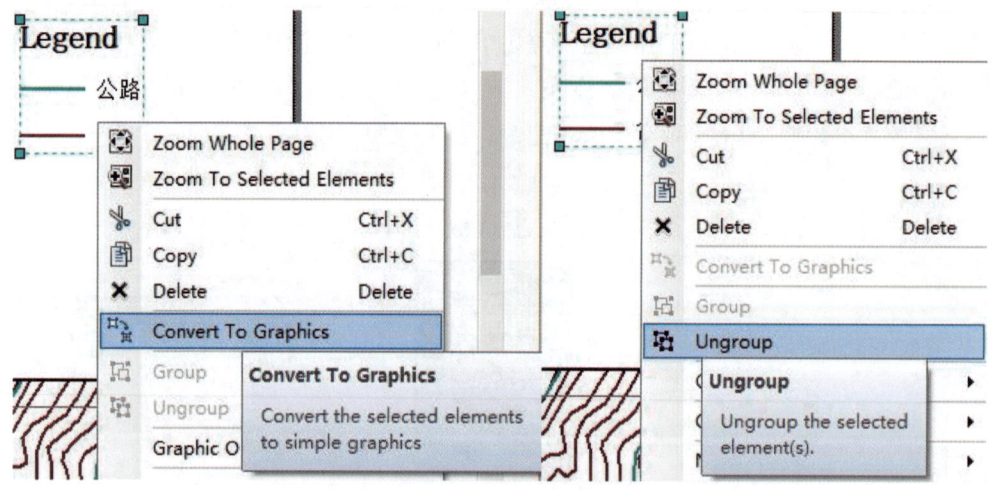

图 4-55　编辑或修改图例操作界面

(8)添加责任表。新建 Excel 文件,在表中绘制好责任表(图 4-56)。选中表格区域,复制并在 ArcGIS 中粘贴,调整责任表的位置与大小。

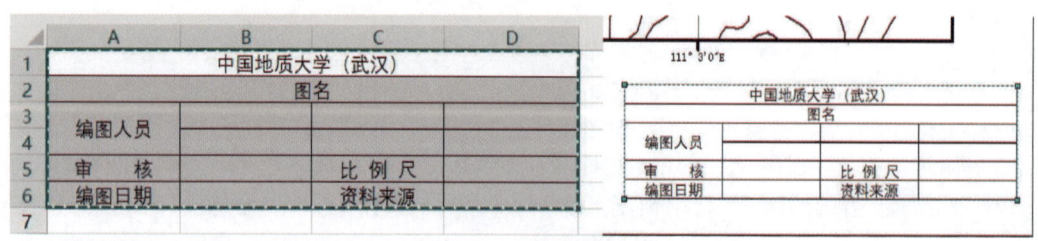

图 4-56　添加责任表操作界面

(9)地质图输出设置。点击菜单栏 File—Export Map(图 4-57),进入输出设置界面,选择保存格式与 dpi。

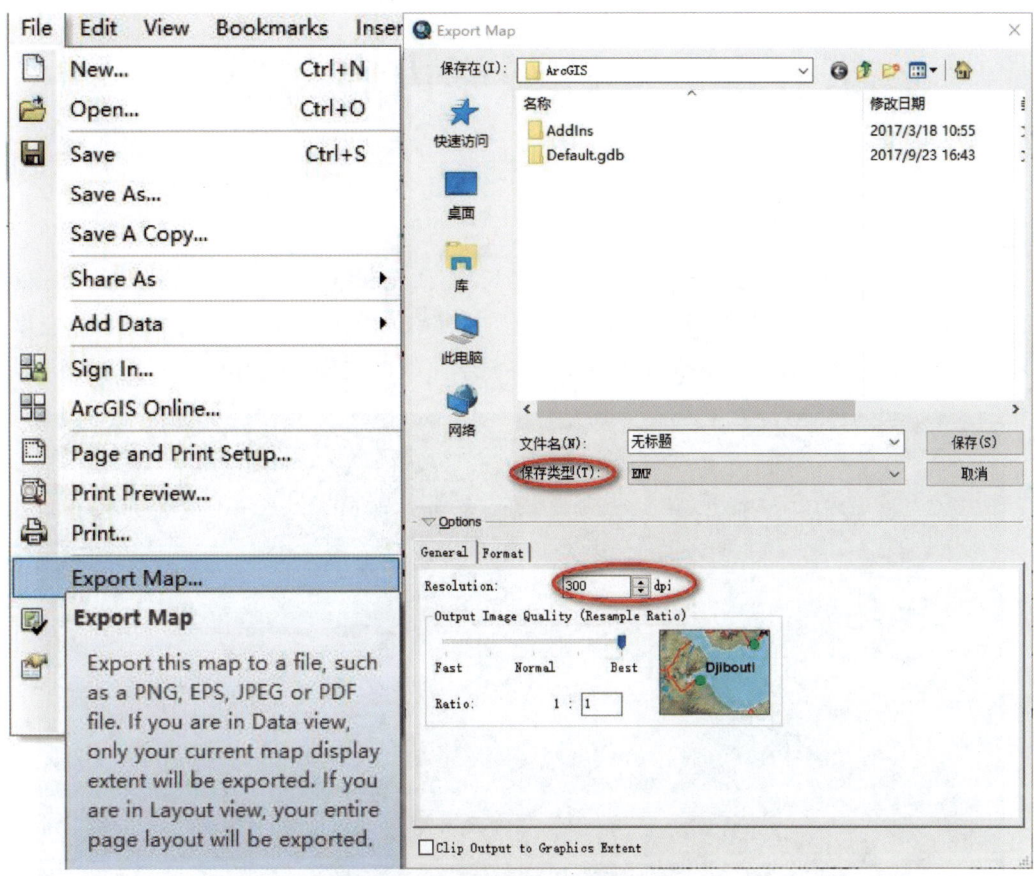

图 4-57　地质图输出设置操作界面

第五章 实践教学内容与要求

秭归实践教学路线共 11 条,北至邓村,南至长阳,西至郭家坝,东至下岸溪。实习区的路线分布见图 5-1。所有实习路线中,除了邓村变质岩路线和下岸溪岩体路线位于长江左岸之外,其余均分布于长江右岸。本章将详细介绍各教学路线的主要内容与实习要求。

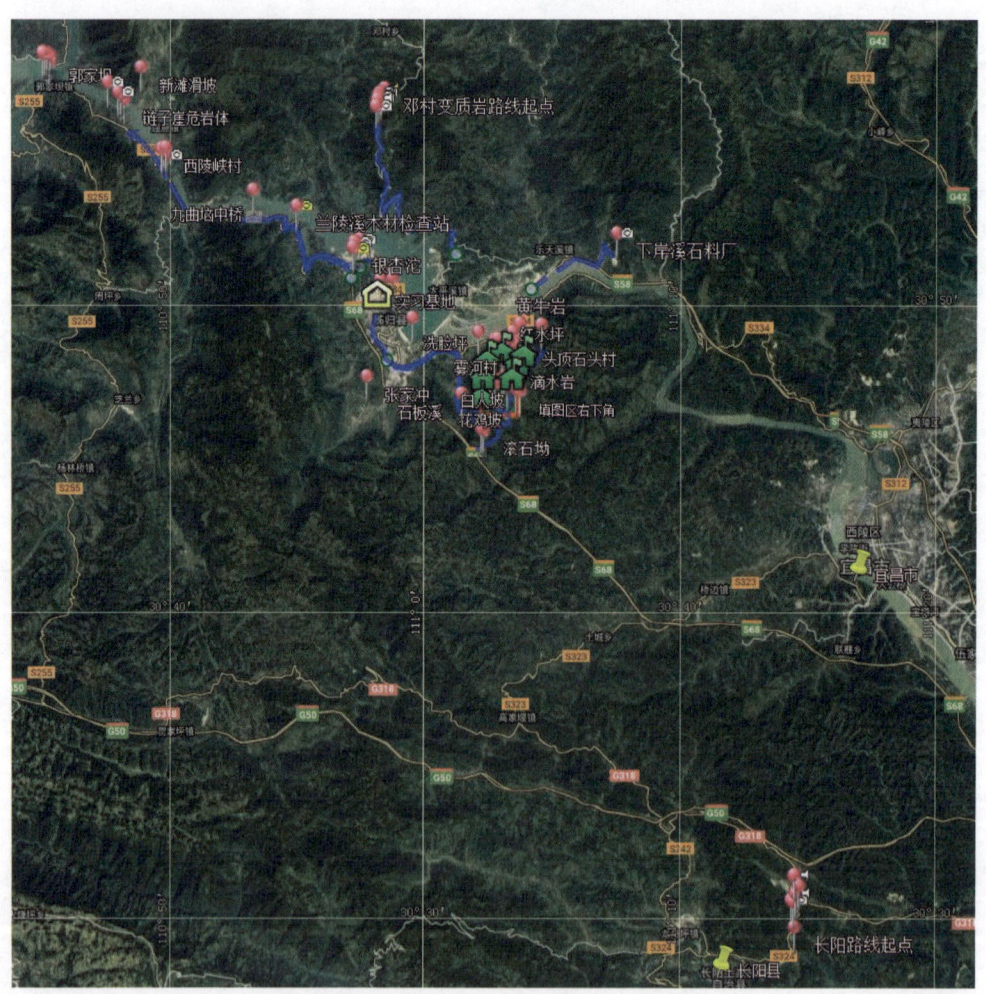

图 5-1 秭归实习区路线分布图

第一节　实习区踏勘

1. 教学目标与要求

(1) 了解实习区地形、地貌特征以及实习站的地理位置。
(2) 了解实习区的基本地质概况及实习路线的分布。
(3) 参观基地岩石园和标本室。
(4) 熟悉三大件的使用方法。
(5) 练习地形图、手机互动地图的使用。
(6) 掌握地质点的基本记录格式及素描图的基本要求。

2. 教学内容

实习区踏勘一般安排在学生进站后的第二天,地点选在实习站附近较高点,可以远观秭归县城、长江及周边的山峰。

(1) 介绍罗盘的使用方法,让学生利用罗盘确定东、西、南、北方位,并练习测量面状构造产状。
(2) 介绍实习区地形、地貌特征以及实习站的地理位置,也可适当介绍实习区的人文景观、自然景观,以及与三峡大坝、秭归新县城选址上有关的工程地质问题。
(3) 在黑板上绘制实习路线的分布图,结合手机互动地图进行讲解,介绍实习区的地层、岩浆岩、变质岩的分布情况。
(4) 学生需在本阶段掌握野簿记录格式及素描图的基本要求。

第二节　沉积岩与构造观察路线

路线一　基地—高家溪—花鸡坡—棺材崖—黄牛岩—基地

1. 教学目标与要求

(1) 系统观察南华系莲沱组(Nh_1l)、南沱组(Nh_2n)和震旦系陡山沱组(Z_1d)、灯影组一段蛤蟆井段(Z_2dy^h)岩性特征。
(2) 重点观察描述莲沱组(Nh_1l)与黄陵花岗岩的接触关系、南沱组(Nh_2n)与陡山沱组(Z_1d)的接触关系。
(3) 观察描述沉积构造,结合相关资料分析其沉积环境。
(4) 查阅相关资料,了解瓮安生物群和雪球地球假说。

2. 主要教学点

【教学点1】
高家溪土三公路与石板溪交会处。

【教学内容】

南华系莲沱组(Nh_1l)与岩体(黄陵花岗岩 γPt_3)接触界线观察点(图 5-2)。

下伏黄陵花岗岩体,灰红色花岗闪长岩,主要矿物为斜长石、石英、正长石及角闪石,风化严重。Li 等 (2003)将黄陵花岗岩主体侵位的时间定为 820Ma。上覆地层为南华系莲沱组(Nh_1l),紫红色—暗紫红色的中—厚层状砂砾岩、含砾粗砂岩、长石石英砂岩、石英砂岩、细粒岩屑砂岩、长石质砂岩夹凝灰质岩屑砂岩、含砾岩屑凝灰岩。由下而上碎屑粒度由粗变细,发育交错层理、平行层理。这是一套以河流相为主的陆相沉积岩。

南华系莲沱组(Nh_1l)与下伏岩体(黄陵花岗岩 γPt_3)呈角度不整合接触(沉积接触)关系。

图 5-2 南华系莲沱组(Nh_1l)与岩体(黄陵花岗岩 γPt_3)接触界线观察点露头

【点间点1】由教学点1沿盘山公路往北东向行进,到教学点2的直线距离为1.8km,一路断续出露莲沱组紫红色砂岩、粉砂岩及泥岩(图 5-3)。

图 5-3 高家溪教学点1至教学点2之间出露的莲沱组紫红色砂岩、粉砂岩及泥岩

【教学点 2】
高家溪花鸡坡村土三公路 40.0km 处。
【教学内容】
南华系莲沱组(Nh_1l)与南华系南沱组(Nh_2n)地层界线观察点。

点西为南华系莲沱组(Nh_1l),该点以西 200m 花纸路与土三路交会处可以观察到莲沱组顶部紫红色砂岩、粉砂岩,自下往上地层构造由中厚层变为薄层,沉积物粒径由粗变细,呈韵律层出现(图 5-4),反映水体的动荡升降环境。

点东为南华系南沱组(Nh_2n),露头植被覆盖严重,地层出露条件差。由于两组地层抗风化能力不同,地形骤然变陡处与地层界线近重合(图 5-5)。

南华系莲沱组(Nh_1l)与下伏南华系南沱组(Nh_2n)呈平行不整合接触关系。

图 5-4 莲沱组顶部紫红色砂岩中的韵律层　　图 5-5 南华系南沱组(Nh_2n)与南华系莲沱组(Nh_1l)地层界线观察点露头

【教学点 3】
高家溪花鸡坡村土三公路 39.9km 处。
【教学内容】
震旦系陡山沱组(Z_1d)与南华系南沱组(Nh_2n)地层界线观察点(图 5-6)。

点西为南沱组(Nh_2n)灰绿色块状冰碛岩(图 5-7)。基质为砂泥质,砾石成分复杂(有花岗岩、石英砂岩、灰岩等),形态各异、大小不一(5～50cm 不等)。有些砾石表面可见"丁"字形擦痕。

图 5-6 震旦系陡山沱组(Z_1d)与南华系南沱组(Nh_2n)地层界线观察点露头　　图 5-7 南华系南沱组(Nh_2n)冰碛岩观察露头

点东为陡山沱组一段(Z_1d^1),灰色、深灰色厚层含硅质含燧石结核白云岩,薄至中层状白云岩、灰质白云岩。浅海环境,厚2~4m。陡山沱组的底部可见一套灰绿色的火山凝灰岩古风化壳(图5-8),底部凝灰岩夹层定年结果为 635.2 ± 0.6 Ma (Condon, 2005),指示陡山沱组起始时间。陡山沱组分为4段,从下往上依次为白—黑—白—黑,俗称"黑白互层"。沿着土三公路上山至棺材崖,将依次观察到陡山沱组一段(Z_1d^1)至四段(Z_1d^4)。

震旦系陡山沱组(Z_1d)与下伏南华系南沱组(Nh_2n)呈平行不整合接触关系。

图5-8 陡山沱组的底部古风化壳

【背景资料】

南华系南沱组(Nh_2n)巨厚的冰碛岩是冰川消融时的沉积记录。该时期的冰碛岩在全球广泛分布,而根据古地磁研究,这些冰碛岩在当时处于低纬度地区甚至赤道附近,说明当时的地球出现了极端寒冷的气候,包括两极和赤道的地球表面所有地区均被冰雪覆盖,因此称之为"雪球事件"(Snowball Earth)。在新元古代,"雪球事件"发生了两次。这一段寒冷时期在国际上被称为成冰纪,在华南称为南华纪。

雪球地球的形成过程:约7.7亿年前,赤道超大陆裂解,降雨增加导致地壳风化加速,地壳风化作用大量吸收CO_2,导致大气CO_2降低,从而引起全球变冷,冰川从两极向赤道扩展。当冰川推进至南北30°纬度后,地球表面反射率效应导致温度失控,迅速导致全球被冰冻,形成雪球地球,持续约1千万年(平均温度约零下50℃),海冰厚度约1000 m,地热流使海洋深部保持液态。

雪球地球的消融过程:雪球地球形成后,海洋完全冰封,大气和海洋水汽交换和大陆风化作用停止,火山作用释放到大气中的CO_2逐渐聚集达到很高的浓度,导致气温回升和冰雪融化,同时海底天然气水合物释放进入大气圈,进一步加剧了温室效应,地表温度很快达到50℃,雪球地球瓦解。

陡山沱组一段(Z_1d^1)也称"盖帽白云岩",主要为由微晶白云石组成的白云岩地层,由于它直接覆盖在新元古代冰碛岩之上,形似帽子而得名。盖帽白云岩的形成可能与新元古代末期"雪球事件"之后环境的巨变所引起的天然气水合物释放有关,其底界与我国震旦系底界一致,可与国际上埃迪卡拉系进行直接对比。

【点间点 2】该观察点往东 150m,为陡山沱组二段(Z_1d^2)岩性观察点(图 5-9)。深灰色—黑色薄层泥质、碳质白云岩夹薄层碳质泥岩,呈不等厚互层状韵律,富含状如围棋子的硅质结核(图 5-10),结核内含黄铁矿。陡山沱二段(Z_1d^2)还有迄今全球发现的最古老地层中的页岩气藏。

图 5-9　陡山沱组二段(Z_1d^2)岩性观察露头　　图 5-10　陡山沱组二段(Z_1d^2)状如围棋子硅质结核

【背景资料】

陡山沱组二段(Z_1d^2)被认为是瓮安生物群产出层位。20 世纪 80 年代起,随着贵州省黔南自治州瓮安县震旦系海相地层磷矿床的不断开采,矿山里发现了各种奇怪化石的消息不胫而走。国内科学家纷纷来瓮安调查科考,"瓮安化石群"这个名字应运而生。

瓮安化石群的产生背景:距 21 世纪约 6 亿年前后的前寒武纪—寒武纪转换期,地球岩石圈、水圈和大气圈均发生革命性变化,环境利好使后生动物开始崛起,并在寒武纪早期发生大规模辐射式演化,即著名的"寒武纪大爆发"事件(5.41~5.20 亿年前)。然而,相较早已被广泛接受的寒武纪大爆发,厚厚的前寒武系中却鲜有后生动物化石的踪影,著名的埃迪卡拉动物群(5.75~5.41 亿年前)又被认为和寒武纪出现的动物没有直接亲缘关系,这为解释生物演化蒙上了神秘色彩。破解动物起源之谜,需要在研究 6 亿年前后地球环境背景的同时,寻找前寒武纪动物化石记录。

瓮安化石群的研究意义:瓮安化石群产自贵州瓮福磷矿采区埃迪卡拉纪陡山沱组上部,主要由立体保存的多细胞藻类、大型带刺疑源类和后生动物胚胎等多种化石组成。其中的动物胚胎化石作为迄今最古老的后生动物化石记录,为研究动物在寒武纪大爆发之前的起源和早期演化历程提供了独一无二的实证材料,受到全球科学界的极大关注。

陡山沱组二段(Z_1d^2)发现页岩气:2017 年 7 月 7 日,国土资源部中国地质调查局在湖北宜昌鄂秭地 1 井页岩气调查重大突破成果研讨会上透露,首次发现了形成于约 6 亿年前震旦系陡山沱组中的页岩气藏,是迄今全球发现的最古老地层中的页岩气藏。

【教学点 4】

高家溪花鸡坡村土三公路约 39.5km 处。

【教学内容】

震旦系陡山沱组三段(Z_1d^3)与陡山沱组二段(Z_1d^2)地层界线观察点。

点西为陡山沱组二段(Z_1d^2),深灰色—黑色薄层泥质、碳质白云岩夹薄层碳质泥岩,呈不等厚互层状韵律,含硅磷质结核,硅磷质结核状如围棋子,内含黄铁矿。

点东为陡山沱组三段(Z_1d^3),区域上陡山沱组三段下部为灰白色厚层夹中厚层状白云岩、粉晶—细晶白云岩,燧石结核及条带发育,上部为薄层状粉晶白云岩,在该点为灰白色薄板状白云岩。

震旦系陡山沱组三段(Z_1d^3)与下伏陡山沱组二段(Z_1d^2)呈整合接触关系。

【教学点 5】

高家溪花鸡坡棺材崖处。

【教学内容】

震旦系陡山沱组四段(Z_1d^4)与震旦系灯影组蛤蟆井段(Z_2dy^h)地层界线观察点(图 5-11)。

下部震旦系陡山沱组四段(Z_1d^4)为黑色薄层硅质泥岩、碳质页岩夹透镜状白云岩,厚度为 0~8.4 m。由于含碳酸盐岩结核黑色碳质泥页岩被采空,上覆灯影组白云岩形成危岩体。观察点处可见危岩体治理工程和人工堆叠的灰岩透镜体。水泥砂浆覆盖露头,局部破坏处可见深黑色薄层页岩。陡山沱组四段碳质含量高,俗称"石煤",被当地老乡当作煤矿开采。由于该点的陡山沱组四段(Z_1d^4)已经被采空,无法详细观察岩性,可在下一个观察点进行补充。

上部为震旦系灯影组。灯影组分 3 段,即蛤蟆井段(Z_2dy^h)、石板滩段(Z_2dy^s)和白马沱段(Z_2dy^b)。此处所见为灯影组一段,即蛤蟆井段(Z_2dy^h),为灰色—浅灰色中厚层夹厚层内碎屑白云岩、细晶白云岩、含硅质细晶白云岩。底部可见

图 5-11 高家溪棺材崖震旦系灯影组与陡山沱组地层界线观察露头

硅质条带并有刀砍纹、石膏层发育;含锅底印模在蛤蟆井段(Z_2dy^h)底部清晰可见。该观察点还要观察地层中出露的断层、帐篷构造、盐丘构造和软沉积变形构造(图 5-12)。

震旦系灯影组(Z_2dy)与下伏震旦系陡山沱组四段(Z_1dy^4)呈整合接触关系。

图 5-12 震旦系灯影组蛤蟆井段（$Z_2 dy^h$）中发育的帐篷构造、盐丘构造和软沉积变形构造

【背景资料】

帐篷构造是一种发育于潮坪、盐湖边缘背斜状构造，常呈尖顶褶皱（倒"V"字形）形态，类似印第安人的帐篷，与上下岩层不谐和。现代常见于阿拉伯的萨布哈潮坪环境和南澳大利亚的滨岸潟湖潮坪环境中。帐篷构造的成因是碳酸盐沉积后（弱固结或半固结）水体变浅，在陆上暴露、蒸发、干缩而使原始沉积层发生弯曲、破裂，并向上突起；当沉积物表面发育藻纹层（微生物席）时，由于后者对沉积物起黏结和固着作用，可使碳酸盐沉积在变形过程中形成较大弧度的隆起，形成倒"V"字形变形构造。

盐丘构造是由于盐岩和石膏向上流动并挤入围岩，使上覆岩层发生拱曲隆起而形成的一种构造，它是一种具有重要意义的底辟构造。盐丘的成因是盐类沉积物（蒸发岩）具有低密度、高塑性、低黏度特征，它们在浮力、上覆岩石压力或构造挤压应力作用下，会向上蠕动或流动，顶起或刺穿上覆岩层，使其发生上拱变形，形成盐丘构造。

软沉积变形构造是沉积物在沉积过程中或尚未固结成岩时发生的变形构造。常局限于某一层位或岩层中，而其上下岩层不见变形。常见的软沉积变形现象包括卷曲层理、压模、滑塌断层、滑塌褶皱、碟状构造、砂岩墙等。软沉积变形构造的成因是负荷压实作用、地震作用、重力滑塌和滑移作用、孔隙压力效应和水体扰动作用等导致未固结的沉积岩层发生变形而成。

【教学点 6】

秭归黄牛岩。

【教学内容】

震旦系陡山沱组四段（$Z_1 d^4$）中结核观察点（图 5-13）。

该点可见震旦系陡山沱组四段（$Z_1 d^4$），岩性为含大量碳酸盐结核的黑色碳质泥页岩。碳酸盐结核主体为白云质灰岩，扁球状、透镜状碳酸盐结核大者长轴直径达 100cm，小的长轴直径为 10~20cm。碳酸盐结核内部普遍具有同心环带结构，个别大的碳酸盐结核内部还包含有若干小的碳酸盐结核。该点还可以观察支护桩、挂网、喷浆、锚固、变形监测等危岩体治理措施。

图 5-13　震旦系陡山沱组四段（Z_1d^4）岩性与其结核观察点露头

路线二　基地—周家坳—滚石坳—基地

1. 教学目标与要求

（1）系统观察描述记录震旦系灯影组（Z_2dy）、寒武系岩家河组（$\in_1 y$）和水井沱组（$\in_2 s$）岩性特征，结合相关资料分析其沉积环境。

（2）观察描述灯影组（Z_2dy）与寒武系岩家河组（$\in_1 y$）界线及岩家河组中的断层，并绘制素描图。

（3）查阅相关资料了解埃迪卡拉动物群、澄江生物群，采集相关地层中的化石。

2. 主要教学点

【教学点 7】
周家坳采石场。
【教学内容】
震旦系灯影组石板滩段（Z_2dy^s）岩性及化石观察点（图 5-14）。

该点所见为震旦系灯影组石板滩段（Z_2dy^s），以灰色—灰黑色薄层夹中层状沥青质灰岩与深灰色—黑灰色泥质灰岩、白云质灰岩不等厚互层为特征，敲开有臭味，又称"臭灰岩"。本段含文德带藻化石（图 5-15）、疑似水母化石（图 5-16）、动物遗迹化石（图 5-17）等。

图 5-14　震旦系灯影组石板滩段(Z_2dy^s)薄层灰岩露头

图 5-15　震旦系灯影组石板滩段(Z_2dy^s)内文德带藻化石

图 5-16　震旦系灯影组石板滩段(Z_2dy^s)内疑似水母化石

图 5-17　震旦系灯影组石板滩段(Z_2dy^s)内动物遗迹化石

【背景资料】埃迪卡拉动物群

埃迪卡拉动物群最先由斯普里格(Sprigg)于 1947 年在澳大利亚南部埃迪卡拉地区的庞德石英岩(Pound Quartzite)中发现。1960 年召开的第 22 届国际地质会议正式命名该化石群为"埃迪卡拉动物群"。埃迪卡拉动物群的发现,初步解开了寒武纪初期突然大量出现各门无脊椎动物化石的所谓"进化大爆炸"之谜。埃迪卡拉生物化石出土越多,反而越没有规律,这些化石到底是什么生物还存在很多争议。

距今 6.0～5.4 亿年前,一大群软体躯的多细胞无脊椎动物(无壳后生动物)终于发展到高峰,这就是埃迪卡拉动物群的出现。埃迪卡拉动物不同于今天的主流生命形式,它们具有奇特的生命形态,大多呈扁平状,一般只有几厘米大小,最大的为体长达 1m 的大型生物。这些生物有的像是个管子,有的看上去像肉饼,有的看上去像帆船,还有的像巨型树叶附着在某处站立着。

埃迪卡拉动物群后生动物软体印模能在庞德砂岩里保存下来,是由于该砂岩沉积时波浪及水流强度暂时减弱,动物软体与细泥砂混合在一起,软体正在腐烂时或腐烂之后被盖上另一层细砂或者微生物席,原来软体的印模即被保留。如软体较长期不腐烂,则盖上去细砂的下表面还可具有印痕。

埃迪卡拉动物群标志着原始的生命形态在经过 30 亿年的准备之后,其积累的生命能量和无穷的创造力即将喷薄而出,生命演化的历史翻开了全新的篇章。

【教学点 8】

和尚洞(图 5-18)。

【教学内容】

岩溶地貌、形态、洞穴堆积物观察及其形成机理分析。

点位处下伏震旦系灯影组蛤蟆井段(Z_2dy^h)灰色—浅灰色中层夹厚层内碎屑白云岩、细晶白云岩、含硅质细晶白云岩;上覆震旦系灯影组石板滩段(Z_2dy^s)深灰色—灰黑色薄层含硅质泥晶灰岩,偶夹燧石条带,极薄层泥晶白云岩条带发育,构成了和尚洞的主体岩性,属于可溶性岩石。

在构造上,和尚洞受 310°方向的断裂控制,该断裂可能是印支期形成的节理构造。裂隙越发育,岩石与地下水的接触面积越大,越利于岩溶作用的进行。同时,该断裂构造有利于地下水的流动,为形成循环交替条件好的地下水系统提供了有利条件。

和尚洞洞口宽大,高约 40m,宽约 21m,且宽度随着延伸空间越往洞内越大,在洞口往里 8m 左右,洞宽 23m,洞高也加高,约 50m,向上发育有岩溶裂隙并贯穿地面。洞深度为 52m 左右,洞横剖面方位 230°,呈三角形。洞内见厚约数米的堆积物,堆积物成因既有溶洞形成过程中的崩塌堆积物,也有洼地内水在流向洞内过程中形成的。

总结和尚洞的形成机理:该溶洞发育于可溶岩中,岩体中节理、断层发育。和尚洞内地下水活动条件好,加上该地处于分水岭地区,大气降水频繁,地形地貌和水文地质环境条件为和尚洞的发育提供了有利条件。

图 5-18 和尚洞远景照片

【教学点 9】

高家溪周家坳村东南 500m 土三公路旁。

【教学内容】

震旦系灯影组白马沱段(Z_2dy^b)与灯影组石板滩段(Z_2dy^s)地层界线观察点(图 5-19)。

点西为灯影组石板滩段(Z_2dy^s),顶部为灰黑色薄层白云岩、白云质灰岩,中部为灰黑色灰岩、泥质灰岩及白云质灰岩。

点东为灯影组白马沱段(Z_2dy^b),以浅灰色、灰白色薄层状白云岩大量出现为标志。下部岩性为灰色—灰白色厚—中厚层状细晶白云岩、灰质白云岩、含砾白云岩、硅质白云岩夹白云质灰岩,偶夹燧石团块和结核;中下部岩性为灰白色—灰黄色中层状中细晶白云岩,夹薄—极薄层硅质细晶白云岩、硅质岩等,含少量燧石结核和燧石层;中上部为粉红色—灰白色中厚层含砂屑白云岩,可见少量燧石结核和燧石层,并发育板状斜层理或鸟眼构造;上部主要为灰白色厚层块状白云岩,间夹薄—中层状泥晶白云岩,局部层段发育燧石条带、团块和结核及白云岩结核,总体为潮坪(宽缓的滨海附近)环境。

震旦系灯影组白马沱段(Z_2dy^b)与下伏灯影组石板滩段(Z_2dy^s)呈整合接触关系。

图 5-19　震旦系灯影组白马沱段(Z_2dy^b)与灯影组石板滩段(Z_2dy^s)地层界线观察点露头

【教学点 10】

高家溪滚石坳土三公路 30.1km 路旁。

【教学内容】

寒武系岩家河组($\in_1y$)与震旦系灯影组白马沱段(Z_2dy^b)地层界线及构造观察点(图 5-20)。

点北西为震旦系灯影组白马沱段(Z_2dy^b),为一套灰白色中厚—厚层状白云岩。

点南东为寒武系岩家河组($\in_1y$),下部为灰色薄层状泥质白云岩、白云岩与土黄色灰质泥岩互层,夹灰黑色硅质条带(图 5-21),其中白云岩中含有小壳化石;上部为中厚—薄层状深灰色灰岩、碳质灰岩夹碳质页岩,其中薄层状碳质灰岩中含有磷硅质结核;顶部为浅灰色中厚层状含燧石结核灰岩,其上为 5~10cm 的土黄色黏土层。寒武系岩家河组($\in_1y$)为浅海沉积环境。

寒武系岩家河组（$\epsilon_1 y$）与下伏震旦系灯影组白马沱段（$Z_2 dy^b$）呈整合接触关系。

图 5-20　寒武系岩家河组（$\epsilon_1 y$）和震旦系灯影组白马沱段（$Z_2 dy^b$）地层界线观察点露头

该点寒武系岩家河组（$\epsilon_1 y$）内发育一正断层组合地垒构造（图 5-22），要求带领学生对构造要素进行认真观察、测量和描述。

图 5-21　寒武系岩家河组（$\epsilon_1 y$）含硅质条带白云岩　　图 5-22　寒武系岩家河组（$\epsilon_1 y$）内地垒构造

【教学点 11】
高家溪滚石坳土三公路 29.8km 路旁。
【教学内容】
寒武系水井沱组（$\epsilon_2 s$）与岩家河组（$\epsilon_1 y$）地层界线观察点（图 5-23）。
点北西为寒武系岩家河组（$\epsilon_1 y$）。
点南东为寒武系水井沱组（$\epsilon_2 s$），黑色、黑灰色薄层含碳质、粉砂质泥岩出现为底界标志。水井沱组在实习区厚度变化较大，为 53～161 m，下部为黑色薄—极薄层碳质页岩、粉砂质页岩，夹硅质白云岩、白云质灰岩透镜体（锅底灰岩）；中部为黑灰色、灰黄色碳质页岩、粉砂质页岩，夹薄—中厚层灰岩；上部岩性为黑色、灰黑色薄—中层状灰岩，夹薄层状泥灰岩、钙质页岩；顶部为浅灰色、深灰色薄层含磷结核白云质灰岩、灰质白云岩，水平层理发育，产海绵骨针、三叶虫等化石。水井沱组产页岩气。

寒武系水井沱组（$\in_2 s$）与下伏岩家河组（$\in_1 y$）呈平行不整合接触（区域上有整合接触）关系。

此点南行约 20m，可观察水井沱组碳质页岩岩性，可见较多的黄铁矿化海绵骨针。

图 5-23　寒武系水井沱组（$\in_2 s$）与岩家河组（$\in_1 y$）地层界线观察点露头

【背景资料 1】海绵骨针（Sponge spicule）

海绵骨针是指生长在海洋或淡水环境中的一种最简单的多细胞生物，即海绵的骨架，其主要骨架与支撑是玻璃纤维状的硅质骨针，也有钙质骨针。

【背景资料 2】水井沱组页岩气

水井沱组曾称"水井沱页岩"，以黑色碳质页岩为主，含黄绿色砂质页岩，顶部有薄层砂岩及铁质鲕状灰岩，含磷矿层，总厚 50～120m。2014 年，湖北省地质调查院实施的秭地 1 井首次在湖北秭归地区下寒武统水井沱组（牛蹄塘组）和下震旦统陡山沱组获得明显的页岩气显示，2015 年实施的秭地 2 井在两个目标层取得重大页岩气发现，由此拉开了该区页岩气勘查序幕。

路线三　基地—九畹溪大桥—西陵峡村—基地

1. 教学目标与要求

（1）观察描述寒武系石龙洞组（$\in_2 sl$）、覃家庙组（$\in_2 q$）及其内平卧褶皱，简析褶皱的成因机制。

（2）观察描述上奥陶统宝塔组（$O_3 b$）、五峰组（$O_3 w$），下志留统新滩组（$S_1 x$）和罗惹坪组（$S_1 lr$）岩性特点、地层序列。

（3）观察描述不同尺度的断层。

（4）绘制地层信手剖面。

2. 主要教学点

【教学点 12】

棕岩头隧道西出口，九畹溪大桥东端。

【教学内容】

该点为下古生界寒武系石龙洞组（$\epsilon_2 sl$）与覃家庙组（$\epsilon_2 q$）地层界线观察点（图 5-24），以及覃家庙组（$\epsilon_2 q$）内大型褶皱构造观察点（图 5-25）。

点东为棕岩头隧道西出口，远观石壁，隧道口下半部出露石龙洞组（$\epsilon_2 sl$），为灰色中厚—厚层白云岩；隧道口上半部为覃家庙组（$\epsilon_2 q$），为灰白色薄层白云岩。

两者呈整合接触关系，此两组地层的详细观察在长阳路线进行。

点西九畹溪大桥西端，陡壁出露为寒武系覃家庙组（$\epsilon_2 q$），为灰褐色薄层白云岩，其内发育一个 S 型平卧褶皱，褶皱轴面近水平，转折端没有明显增厚现象，是一个平行褶皱或等厚褶皱，要求学生仔细观察并描述褶皱的基本要素，理解其成因机理。

图 5-24　寒武系石龙洞组（$\epsilon_2 sl$）与覃家庙组（$\epsilon_2 q$）地层界线观察点露头

图 5-25　寒武系覃家庙组（$\epsilon_2 q$）内的大型滑脱构造（平卧褶皱）

【背景资料】滑脱构造

滑脱构造是岩石圈内部的一种构造。岩石圈受到地应力作用时，相邻的小圈层之间会发生相对滑动、互相脱离的现象。滑脱构造存在一个滑脱面，这个滑脱界面可以是断层与岩系界面，岩层不整合面，高塑性层、高孔隙层、盖层与基底界面，地壳与上地幔界面等。它们共同的特点是强度相对较低，剪应变较高，因此在受力的时候较为软弱。一旦在这些界面上发生滑脱作用，所形成的滑脱界面性质也就与断层类似，因此滑脱界面也可称作滑脱断层。实习点处的滑脱面就是岩系界线，是因为覃家庙组薄层的白云岩比石龙洞组厚层白云岩更容易发生变形。

【教学点 13】

西陵峡村村委会后乡村公路尽头。

【教学内容】

奥陶系宝塔组(O_3b)与五峰组(O_3w)地层观察点;宝塔组(O_3b)中的断裂构造观察点。

点东为奥陶系宝塔组(O_3b),可见紫红色或黄色中厚层白云质灰岩、瘤状灰岩(网状泥灰岩)(图5-26)。整体来看,上部泥质成分较下部多。因该地层产形似宝塔的震旦角石化石(图5-27)而得名。

该教学点东30m处采坑内可见发育在宝塔组(O_3b)中的断裂构造,要求学生观察正阶步、擦痕和生长线理,判断断层性质(图5-28)。

点西为奥陶系五峰组(O_3w),是一套黑色页岩夹薄层硅质岩(图5-29),产有丰富的笔石、腕足类化石,其中赫南特贝是赫南特阶金钉子化石。

五峰组(O_3w)与下伏宝塔组(O_3b)呈整合接触关系。

观察与上覆地层罗惹坪组之间的断层接触关系及依据。

图5-26 奥陶系宝塔组(O_3b)瘤状灰岩

图5-27 奥陶系宝塔组(O_3b)内的震旦角石化石

图5-28 奥陶系宝塔组(O_3b)
瘤状灰岩内发育的阶步

图5-29 奥陶系五峰组(O_3w)
薄层灰黑色页岩及硅质岩

【背景资料1】角石

角石具有坚硬的外壳,顾名思义,角石外壳的形状像牛或羊的角,一般是直的,也可能是弯的或盘卷的。角石死亡以后,肉体通常很难保存,只有硬壳才能够保存成为化石。泥盆纪的房角石体长可达 9m,被认为是当时海洋世界的霸主。震旦角石属于无脊椎动物,头足纲的一属,外壳呈圆锥形或圆柱形。壳面覆以显著的波状横纹,体管细小,位居中央或微偏,常见于我国南部中奥陶世地层中。三峡地区含大量震旦角石,纵切面磨光状如塔,可做陈列品用,故俗名"宝塔石"。

【背景资料 2】笔石

笔石(图 5-30)是对笔石纲化石的统称,是一类已灭绝的海洋群体生物,通常隶属于半索动物门,存在于中寒武世—早石炭世。笔石虫体所分泌的骨骼,称为笔石体(Rhabdosome)。笔石体一般长几厘米或几十厘米,较大的可达 70cm 或更长。笔石体的成分以往视为几丁质,1966 年富卡尔特和热尼奥的分析结果表明,笔石骨骼中不含几丁质,但有甘氨酸、丙氨酸等多种氨基酸,这些氨基酸可能来源于硬蛋白,透射电镜下所显示的骨骼超微结构有蛋白骨胶原的外表,其物质成分很可能为骨胶原。因此,笔石体的成分似乎是一种非几丁质的有机物。

图 5-30 笔石化石

【教学点 14】

西陵峡村 1 组 85 号门前。

【教学内容】

志留系新滩组(S_1x)与罗惹坪组(S_1lr)地层界线观察点(图 5-31)及新滩组(S_1x)内小型断层观察点。

点东为罗惹坪组(S_1lr),为黄绿色灰质泥岩、粉砂质泥岩、泥灰岩,局部夹灰岩透镜体。该套地层为浅海沉积环境,含单栅笔石、雕笔石、假栅笔石、"五房贝"等化石。

点西为新滩组(S_1x),为原龙马溪组(S_1l)上段地层,灰绿色、黄绿色薄层状泥、页岩夹粉砂岩。

罗惹坪组(S_1lr)与下伏志留系新滩组(S_1x)呈整合接触关系。

在观察点可见该地层内发育一小型断层构造。教师应带领学生观察、测量并描述该构造的关键要素,判断断层的性质。

图 5-31 志留系新滩组(S_1x)与罗惹坪组(S_1lr)地层界线观察点露头

【教学点 15】

西陵峡村村委会后乡村公路前行 300m 路旁。

【教学内容】

该点为第四系(Q)与志留系新滩组(S_1x)地层界线观察点(图 5-32)。

点东为志留系新滩组(S_1x),可见灰绿色薄层状泥岩、粉砂岩夹细砂岩,砂岩与泥岩互层。

点西为第四系(Q)残坡积物,残坡积物内砾石含量较多,呈棱角状,无分选。

第四系(Q)与下伏志留系新滩组(S_1x)呈角度不整合接触关系。

图 5-32 第四系(Q)与志留系新滩组(S_1x)地层界线观察点露头

第三节 沉积岩与地质灾害观察路线

路线四 基地—链子崖—基地

1. 教学目标与要求

(1)观察认识志留纪—二叠纪地层岩性的基本特征。

(2)观察认识二叠系茅口组和吴家坪组的化石。

(3)掌握崩塌、滑坡地质灾害的野外调查方法,理解地质灾害的形成条件,认识灾害的监测与防治原则及措施。

2. 主要教学点

【教学点 16】

景区入口 200m 归乡寺附近。

【教学内容】

第四系(Q)与志留系纱帽组(S_1s)岩性观察点。

点西为第四系(Q)残坡积物,露头可见灰褐色的含砾石土。

点东为志留系纱帽组(S_1s),为灰绿色粉砂质泥岩与紫红色泥岩互层。该处为浅海沉积环境,含笔石、三叶虫、腕足类等化石。

第四系(Q)与下伏志留系纱帽组(S_1s)呈角度不整合接触关系。

注意点间观察纱帽组地层岩性的变化。

【教学点 17】

链子崖观景台过后 200m 路牌旁。

【教学内容】

泥盆系云台观组(D_2y)与志留系纱帽组(S_1s)地层界线观察点(图 5-33)。

点东为志留系纱帽组(S_1s),为砂岩、泥岩互层,自下而上砂岩增多。

点西为云台观组(D_2y),为一套灰白色中至厚层或块状石英岩状细粒石英砂岩,夹少许灰绿色泥质砂岩。区域上有时呈紫红色或肉红色,时夹薄层状粉砂岩或泥岩,底部时具底砾岩或含砾砂岩或黏土岩。

泥盆系云台观组(D_2y)与下伏志留系纱帽组(S_1s)呈平行不整合接触关系(加里东运动)。

图 5-33 泥盆系云台观组(D_2y)与志留系纱帽组(S_1s)地层界线观察点露头

【教学点 18】

链子崖观景平台上行 20m 处。

【教学内容】

泥盆系黄家磴组(D_3h)与云台观组(D_2y)地层界线观察点(图 5-34)。

点东为泥盆系云台观组(D_2y),为灰白色—浅灰色厚层—中厚层状细粒石英砂岩,夹少量细粒石英粉砂岩、泥质粉砂岩。

点西为黄家磴组(D_3h),为灰白色薄层细砂岩、粉砂岩夹泥岩。

泥盆系黄家磴组(D_3h)与下伏云台观组(D_2y)呈整合接触关系。

图 5-34 泥盆系黄家磴组(D_3h)与云台观组(D_2y)地层界线观察点露头

【教学点 19】

链子崖双修亭。

【教学内容】

二叠系栖霞组(P_2q)与梁山组(P_1l)地层界线观察点及化石观察点。

点西亭子底座在二叠系梁山组(P_1l)上,该套地层主要为灰白色中厚层细砂、粉砂、泥岩及煤层,因露头条件差不易观察。该地层在区域上底部为中厚层细砂岩、粉砂岩、泥岩及煤;上部为黑色薄层泥岩夹灰岩。

点西为二叠系栖霞组(P_2q),该地层在本点形成一个大的陡崖,主体岩性为深灰色厚层—块状生屑微晶灰岩,夹泥质灰岩及燧石团块,因含大量生物,敲击后有臭味,又称为"栖霞臭灰岩"。在薄层燧石硅质层中,发育有肿缩石香肠、鱼嘴状石香肠、透镜状石香肠,反映了同一岩层不同部位的变形不均一性。因该组地层岩性颜色深,故与上覆的茅口组(P_2m)被称为"黑栖霞、白茅口"。

二叠系栖霞组(P_2q)与下伏梁山组(P_1l)呈整合接触关系,梁山组(P_1l)与下伏石炭系呈角度不整合接触关系。

点间可见二叠系栖霞组(P_2q)内发育的化石,有珊瑚(图 5-35)、海绵(图 5-36)、钙藻、蟆类及有孔虫化石等。该组地层中较小的化石,如有孔虫、钙藻及蟆类化石需要在显微镜下鉴定,特别是蟆化石,它是石炭纪—二叠纪的标准化石,具有确定地层时代意义。栖霞组中还有一些特殊的沉积矿物,该点可以见到的是一种硫酸盐矿物——天青石(硫酸锶),因呈菊花状集合体又称"菊花石"。

图 5-35 二叠系栖霞组（P_2q）内发育的（复体）珊瑚

图 5-36 二叠系栖霞组（P_2q）内发育的海绵化石横切面（左图）和纵剖面（右图）（中心发白的是中央腔）

【教学点 20】

链子崖顶。

【教学内容】

观察链子崖危岩体和新滩滑坡的地形地貌、基础地质、发育规模和变形特点（图 5-37、图 5-38）；理解地质灾害的形成机制；了解地质灾害的监测手段与工程治理措施等。

图 5-37 链子崖危岩体远景照片（镜头方向为北西）

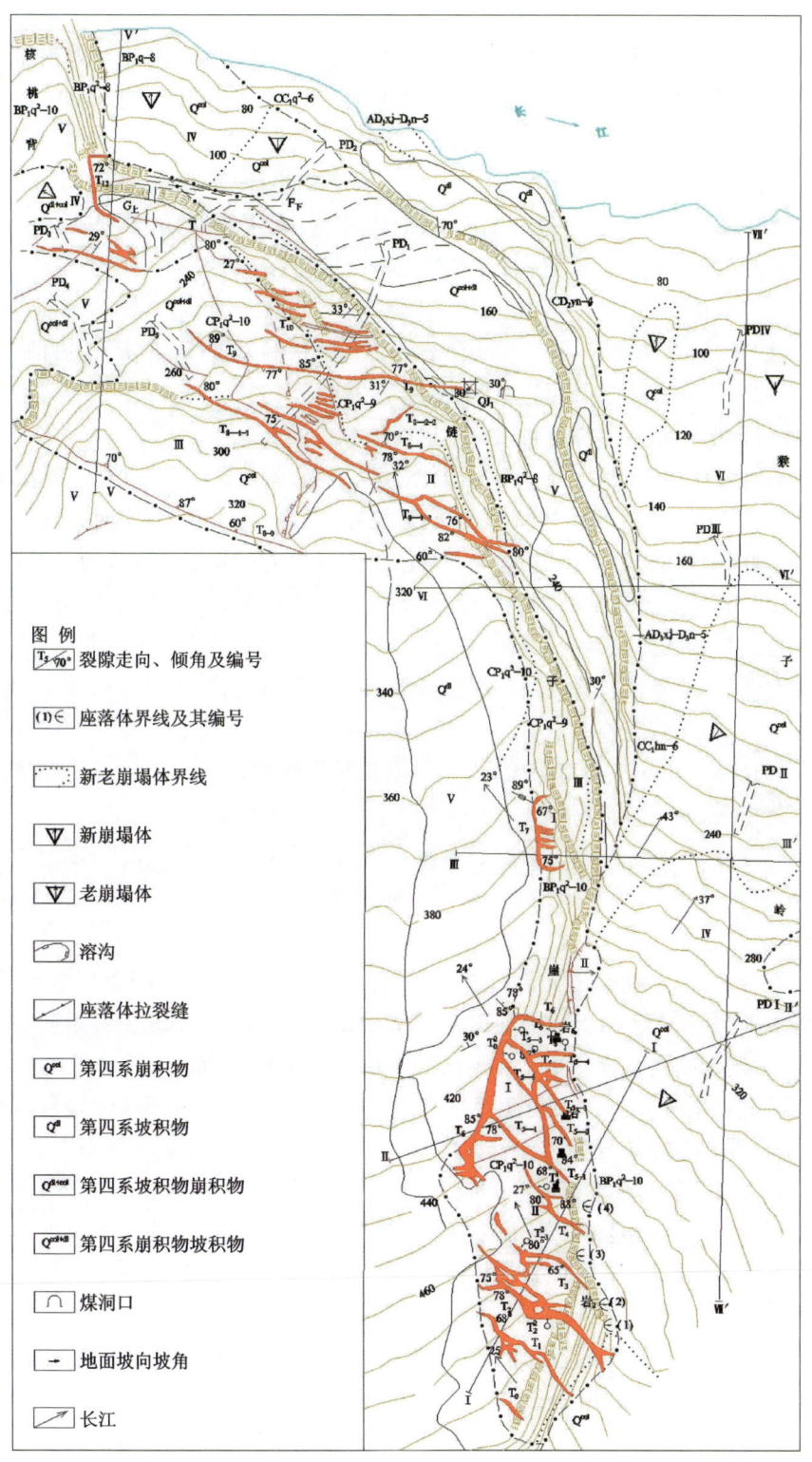

图 5-38 链子崖危岩体工程地质平面图

【背景资料1】链子崖危岩体

地理位置：该点为链子崖危岩体灾害观察点，地处长江兵书宝剑峡出口处南岸，与北岸新滩滑坡隔江对峙，紧扼川江航道咽喉，下距三峡大坝27km。链子崖因地形高陡，行人需扶铁链上下而得名。

地形地貌与临空发育条件：危岩体位于长江右岸陡崖地段，地形坡度45°~60°，局部达90°，发育多级陡崖。危岩体总体呈南北向展布，北宽南窄，南高北低，俯视长江，岩顶面向北西倾斜，分布在高程180~495m之间；北东侧临空陡壁崖高70~100m，为链子崖危岩变形提供了良好的临空条件。

地层岩性与斜坡结构条件：链子崖主体岩性为二叠系栖霞组（P_2q）灰岩，底部为厚层煤系地层，陡崖段岩层中发育数十层泥岩页岩夹层，其中有6个主要软弱夹层。危岩体总体为顺坡结构，其底界软层及顺坡结构为斜坡产生层间蠕滑提供了条件。

地质构造与岩体构造条件：链子崖危岩体位于黄陵背斜西翼，东距九畹溪断层2km，西南距仙女山断层5km，夹于两断层之间，构造裂隙发育，以北西、东西、北西西、北南向4组陡倾角裂隙为主，均切割层面、延伸稳定，影响了岩溶发育。构造裂隙发育直接为裂缝形成提供条件，如1、6、9和12号裂缝就是沿构造裂隙发育的。诸多裂缝发育的实质是构造裂缝拉裂发展的结果。这些构造裂隙在影响主裂缝发育的同时，也起到控制危岩体边界的作用。

岩溶发育条件：危岩区内部溶隙、溶洞、落水洞十分发育，大体上230~320m高程段以垂直岩溶发育为主，是三峡期长期下切的产物；230m左右发育的水平溶洞（相当于长江Ⅴ级阶地的形成期）；180~200m小型溶洞发育（相当于长江Ⅳ级阶地形成期）。岩体溶洞成为薄弱部位及应力集中处，为裂缝发育提供了基础。

水文地质条件：危岩区内地下水以岩溶水和碎屑岩裂隙水为主，前者赋存于二叠系与石炭系灰岩、白云质灰岩中，后者赋存于泥盆系与志留系砂页岩中，二叠系底部煤系地层为相对隔水层。

人类工程活动：链子崖底部挖煤采空改变了山体原有的结构，导致岩体下沉拉裂。

危岩体规模与破坏模式：岩体南端顶面高程495m，北端高程170m。岩体被30条宽大裂缝系统切割，切割范围南北长700m，东西宽30~180m，形成3块危岩体，体积达$332×10^4m^3$。这3块危岩区分别是南部0~6号缝危岩区，体积约$86.5×10^4m^3$；中部7号缝危岩区，体积约$2×10^4m^3$；北部8~12号缝危岩区，体积约$226×10^4m^3$。这3个危岩区因临空条件及坡体结构的不同而存在着不同的破坏模式。0~6号缝危岩区因煤层采空使上部岩体失去支撑而表现为拉裂变形；8~12号缝危岩区因沿软弱层及煤层产生蠕滑拉裂与剪切滑移变形。

崩塌灾害风险：链子崖危岩体紧临长江，一旦崩滑将可能严重碍航甚至断航，危及附近城镇居民的生命财产安全，威胁三峡工程安全，是防灾的重点险段。链子崖东侧总体积为$180×10^4m^3$的猴子岭崩塌堆积体，目前处于稳定状态，在崩落加载作用下也可能失稳滑移。

危岩体变形监测与防治工程：1989—1992年，由国家科学技术委员会组织完成了链子崖危岩体防治可行性论证研究；1993—1999年，由国土资源部组织完成了防治工程实施，防治措施主要包括链子崖8~12号缝区危岩体锚固工程、底部煤层采空区承重阻滑工程、大裂缝盖板防水工程及地表排水工程、猴子岭防冲拦石坝工程；2000—2004年，经过防治工程效果监测,8~12号缝区危岩体处于基本稳定状态。目前,南部0~6号缝和中部7号缝危岩区仍在监测中。

【背景资料2】新滩滑坡

地理位置:新滩滑坡地处西陵峡上段兵书宝剑峡口,东距三峡大坝27km,江对岸即原新滩镇旧址(图5-39~图5-42)。在葛洲坝蓄水前,枯水季节该处江面宽约200余米,流速6m/s以上,落差8m,轮船逆水上行至此,均须船工拉纤或绞滩牵引过滩,素有"楚蜀诸滩,首显新滩,见新滩知瞿塘滟滪关非险关"之称,是川江航道上著名的急流险滩。

地形地貌条件:滑坡位于长江北岸一级岸坡上,所处斜坡右侧为陡壁,左侧为延伸方向130°左右的山脊,坡体为逆向坡,坡向185°左右,沿滑坡体纵向发育两级平台,高程500~660m平台下缘陡坎走向为30°,高程270~330m平台下缘陡坎走向为75°,滑坡体分为4段,斜坡地形呈明显阶梯状形态。

地层岩性条件:滑坡后缘及西侧边界为泥盆系—二叠系砂岩、灰岩陡壁。东侧边界为切割于崩坡积层中的裂隙面;堆积物厚30~40m,自东向西增厚。堆积物以崩(坡)积碎块石夹黏土为主;下伏基岩地层为志留系砂、页岩,岩层产状310°∠32°。坡面覆盖第四系滑坡堆积(Q^{del})碎块石土。新滩滑坡是沿堆积层底部黏土层滑动的。

地质构造条件:滑坡位于仙女山断层北东翼北侧和九畹溪断层西翼北端近核部,受构造运动影响,岩体较破裂,构造裂隙发育,以北西、东西、北西西、北南向4组陡倾角裂隙为主,均切割层面,延伸稳定。

水文地质条件:滑坡区地下水有三大类:①松散堆积层孔隙水。含水介质为滑坡堆积物,具弱—中等透水性,孔隙水的赋存条件一般,通常弱富水;②碎屑岩类裂隙水。赋存于砂岩层中,具弱透水性;③碳酸盐岩裂隙岩溶水。分布在灰岩地层中,滑坡区未见地下水露头。

人类工程活动条件:人类工程活动对滑坡稳定性的影响主要表现为坡面加载、筑路建房切坡以及引水渠渗漏下渗等。

滑坡形态特征:滑坡体右侧边界为高300~400m的陡壁,左侧为延伸方向130°左右的山脊。前缘高程65m,后缘高程910m。滑坡体平面形态为舌形,主滑方向185°,纵长2000m,中部横宽约365m,面积$73×10^4 m^2$,平均厚度41m,中部滑体厚度可达70~100m,体积近$3000×10^4 m^3$。剖面形态陡缓相间呈阶梯状,平均坡度约23°。

滑坡变形历史与灾情:1985年6月12日凌晨3时52分至3时56分,沿新滩镇北广家崖坡脚—窝塘坑—姜家坡—新滩镇一线,发生了规模空前的大型滑坡。大约1/10滑体共计$340×10^4 m^3$土石入江,整个新滩古镇被推入江中,损坏1569间房,激起涌浪高54m;余浪波及上游15km内的秭归县城关、下游27km的三斗坪;高出江水面东西长约250m、南北宽约93m的滞航滑舌,致使长江航运中断12d。

由于相关单位科学预测预报准确及时、上级主管部门决策果断、当地政府组织撤离措施有效,滑坡区内457户计1371人在滑坡前夕全部安全撤离,无一人伤亡,是我国滑坡预测预报防灾史上的奇迹!

图 5-39 新滩滑坡远景图

图 5-40 新滩滑坡影像图（左图：滑坡前；右图：滑坡后）

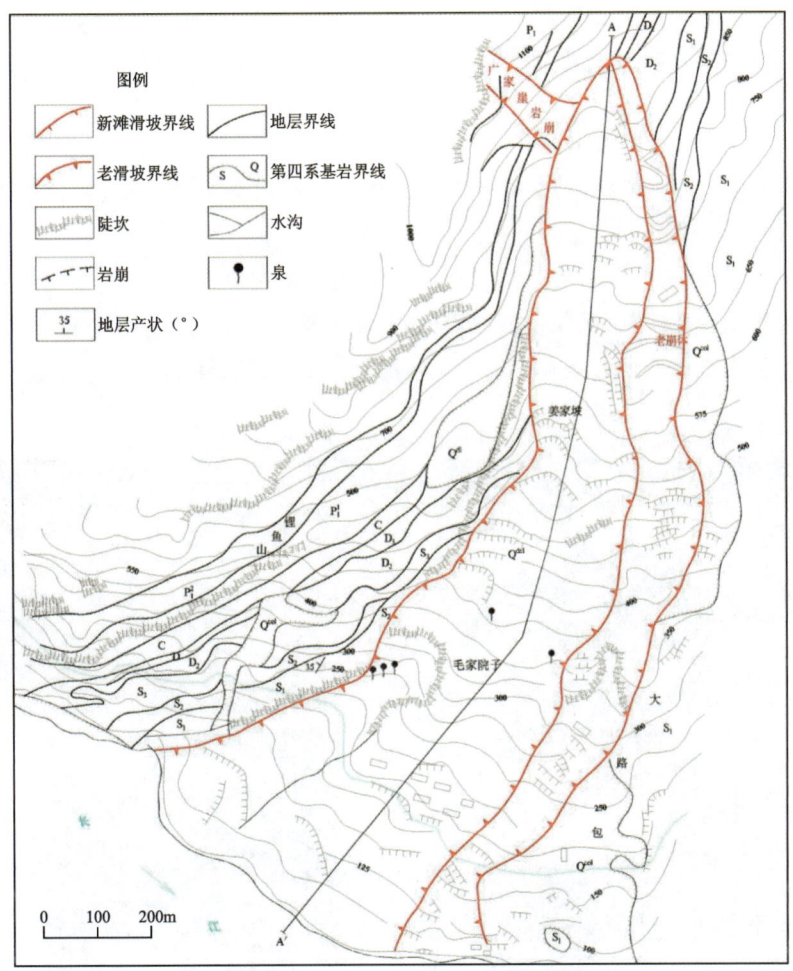

图 5-41　新滩滑坡工程地质平面图

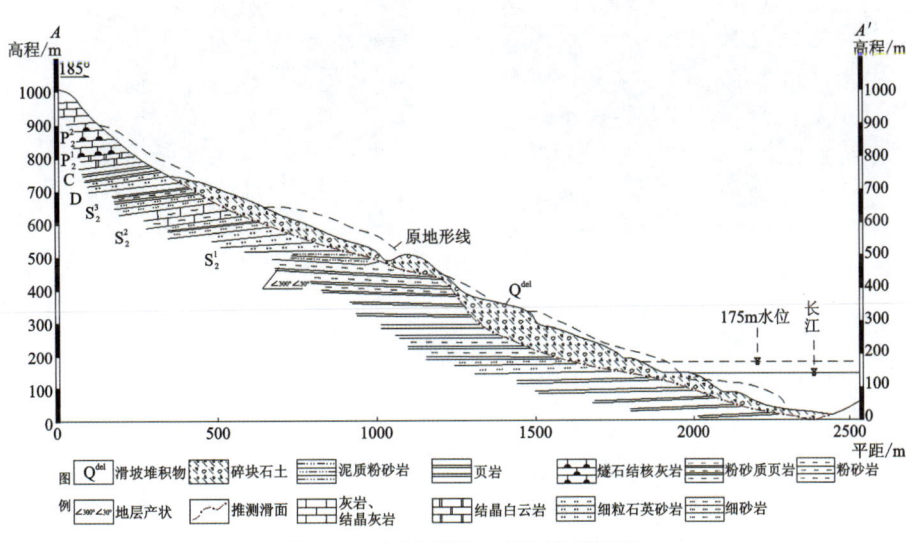

图 5-42　新滩滑坡工程地质剖面图

【教学点 21】

链子岩村西简易公路交会处北 100m 公路旁。

【教学内容】

第四系（Q）与二叠系茅口组（P_2m）地层界线观察点。

点东为第四系（Q）坡积物，为黄褐色含砾石土。砾石成分主要为灰岩，含量大于 80%，呈棱角状，分选差。

点西为茅口组（P_2m），为浅灰色厚层—块状含泥生物泥晶灰岩、白云质灰岩，局部夹燧石条带，富含蜓、珊瑚、海绵、海百合茎、苔藓虫、叶状藻及腕足类化石（图 5-43），为浅海沉积环境。该地层整合于二叠系栖霞组（（P_2q）之上；上与二叠系吴家坪组（（P_3w）整合接触。生物化石变得稀少。

图 5-43　二叠系茅口组（P_2m）内发育的化石

【教学点 22】

链子崖背面杨家沱以西。

【教学内容】

二叠系吴家坪组（P_3w）与茅口组（P_2m）地层界线观察点（图 5-44）。

点东为二叠系茅口组（P_2m），为灰色厚层—块状含泥生物碎屑灰岩，富含多种生物化石。茅口组顶部存在厚约 6cm 厚的褐铁矿层，是茅口组抬升接受风化剥蚀形成的古风化壳。

点西为二叠系吴家坪组(P_3w),底部有约 1.4m 厚黄褐色碎屑岩(粉砂质泥岩),其形成时代相当于华南的海陆交互相龙潭组,由于 1.4m 的厚度不适合建组,这里就将其划归为吴家坪底部地层。往上为深灰色中厚—厚层状含燧石结核或条带状生物碎屑灰岩、泥质团块生物碎屑灰岩,局部可见珊瑚礁化石。

二叠系吴家坪组(P_3w)与下伏茅口组(P_2m)呈平行不整合接触关系(东吴运动)。

图 5-44　二叠系吴家坪组(P_3w)与茅口组(P_2m)地层界线观察点露头

路线五　基地—郭家坝—基地

1. 教学目标与要求

(1)观察认识三叠系巴东组—侏罗系香溪组地层岩性的基本特征。

(2)掌握滑坡灾害的野外调查方法,理解地质灾害的形成条件,认识灾害的监测与防治原则与措施,学会使用无人机进行灾害野外调查。

2. 主要教学点

【教学点 23】

马岭包隧道南出口处。

【教学内容】

三叠系大冶组(T_1d)与二叠系吴家坪组(P_3w)地层界线观察点。

点南为二叠系吴家坪组(P_3w),为深黑色中厚层灰岩。

点北为三叠系大冶组(T_1d),岩性由下至上可分为 4 段,具体岩性可参考秭归区域地层介绍。此点可见岩性为浅灰色、灰黄色薄层泥晶灰岩夹灰黑色钙质泥岩。

三叠系大冶组(T_1d)与下伏二叠系吴家坪组(P_3w)呈整合接触关系。

【教学点 24】

米仓口隧道东出口沿公路向东约 50m 处,334 国道 102 km 处。

【教学内容】

三叠系嘉陵江组(T_1j)与三叠系大冶组(T_1d)地层界线观察点。

点东为三叠系大冶组(T_1d),为灰色、浅灰色薄层状灰岩。

点西为三叠系嘉陵江组(T_1j),岩性由下至上可分为3段,具体岩性可参考秭归区域地层介绍。此点可见岩性为灰色中—厚层粉晶白云岩。

三叠系嘉陵江组(T_1j)与下伏三叠系大冶组(T_1d)呈整合接触关系。

【教学点 25】

米仓口隧道西出口沿公路向西 1km,郭家坝镇公路大拐弯处向东约 20m 的小沟处。

【教学内容】

三叠系巴东组(T_2b)和嘉陵江组(T_1j)地层界线观察点。

点东为嘉陵江组(T_1j),为灰色中—厚层状白云岩、白云质灰岩。

点西为巴东组(T_2b),岩性可分为3段,具体岩性可参考秭归区域地层介绍。此点可见岩性为灰绿色页岩。该套地层的顶部为浅灰色钙质页岩、灰岩、白云岩。

三叠系巴东组(T_2b)和下伏嘉陵江组(T_1j)呈整合接触关系。

【教学点 26】

教学点 25 向西约 100m 处公路边的挡土墙。

【教学内容】

该点为三叠系巴东组(T_2b)和沙镇溪组(T_3s)地层界线观察点。

点东为巴东组(T_2b),为灰绿色薄层泥灰岩、紫红色粉砂质泥岩。

点西为沙镇溪组(T_3s),底部为粉砂岩,夹泥岩、煤层和透镜状菱铁矿;中—上部为灰色中厚—厚层石英砂岩、长石石英砂岩,砂岩比较疏松,裂隙中常因铁质浸染而成为褐色。本组地层厚 8~158 m。

三叠系沙镇溪组(T_3s)和下伏巴东组(T_2b)呈整合接触关系。

【教学点 27】

秭归县郭家坝镇砖厂。

【教学内容】

调查郭家坝镇砖厂滑坡的地形地貌条件、基础地质条件和人类工程活动条件;选择地形平坦的地方,对砖厂边坡进行无人机调查。在安装无人机、设置好飞行路线后,根据本书中对无人机的指导进行操作飞行。回到室内后,进行数据处理和三维建模工作。图 5-45 为砖厂无人机三维建模案例。

图 5-45 秭归郭家坝镇砖厂滑坡灾害无人机三维模型

第四节 岩浆岩及变质岩观察路线

路线六 基地—银杏沱—兰陵溪—九曲脑中桥—基地

1. 教学目标与要求

(1)认识岩浆岩岩石类型及岩脉穿插关系。
(2)认识钾长花岗伟晶岩脉、流面流线构造及现代风化壳特征。
(3)观察太平溪岩体与崆岭群小以村岩组侵入接触关系及几种变质岩特征。
(4)认识崆岭群小以村岩组变质岩岩性观察及南华系、震旦系减薄特征。

2. 主要教学点

【教学点 28】
银杏沱滚装码头项目建设部屋后斜坡。

【教学内容】
认识岩浆岩岩性及岩脉穿插关系。

该点的主要岩石类型有英云闪长岩、(蚀变)中细粒黑云斜长花岗岩、(蚀变)中细粒二长花岗岩、(蚀变)中粒暗色黑云母闪长岩、(蚀变)细粒暗色闪长岩、浅色花岗伟晶岩。

英云闪长岩:岩石中的斜长石(更—中长石)含量很高,钾长石含量不足长石总量的1/10,暗色矿物含量可大于15%,黑云母往往多于角闪石,与石英闪长岩的区别是石英含量较高,与奥长花岗岩的区别是暗色矿物含量较高。根据浅色矿物石英(Q)、钾长石(A)、斜长石(P)含量,落入 Q-A-P 图 5 区。

(蚀变)中细粒黑云斜长花岗岩(显微镜下特征):变余中细粒花岗结构。岩石由石英(25%)、斜长石(65%)、钾长石(5%)、黑云母(5%),以及少量绿帘石、磁铁矿、磷灰石、锆石等组成。斜长花岗岩是一类成分较特殊的花岗岩。岩石中基本不含碱性长石,在 Q-A-P 图中投点基本位于 Q-P 连线上,斜长石占长石总量的100%,暗色矿物含量亦高,在10%~15%之间。岩石中的 K_2O 含量极低,一般小于1%。斜长花岗岩常以浅色岩脉的形式产于蛇绿岩中,一般认为是大洋拉斑玄武质岩浆结晶分异晚期的产物。

(蚀变)中细粒二长花岗岩(显微镜下特征):变余中细粒花岗结构,岩石由石英、钾长石、斜长石、黑云母,以及少量绿帘石、白云母、磁铁矿、锆石等组成。石英含量为35%;钾长石(40%)条纹泥状绿帘石、黝帘石化;斜长石(23%)不太强烈斑块状泥状绿帘石化、黝帘石化;黑云母(2%)少数有不同程度绿泥石化,被绿帘石交代。根据浅色矿物含量位于 Q-A-P 分类图的 3b 区。

(蚀变)中粒暗色黑云母闪长岩(显微镜下特征):中粒半自形—不规则粒状结构。岩石中普通角闪石(60%)轻度绿泥石化和泥状绿帘石化,含黑云母;斜长石(30%)多数较强烈泥状、纤维状绿帘石化、黝帘石化和显微鳞片状绢云母化,部分者蚀变较弱,仍见聚片双晶;黑云母(7%)多数较新鲜,部分蚀变褪色,轻度绢云母化;石英(3%)充填于普通角闪石、斜长石隙间,很可能是蚀变矿物。

（蚀变）细粒暗色闪长岩（显微镜下特征）：细粒半自形晶结构。岩石由普通角闪石、斜长石、蚀变黑云母和少量磁铁矿等组成。普通角闪石（65%）轻度绿泥石化和泥状绿帘石化，斜长石（34%）多数中等泥状绿帘石化、黝帘石化和显微鳞片状绢云母化，有的含有细小白云母和微细粒绿帘石化，一般核部蚀变较强。

点位处见有数条浅色伟晶岩脉，主要矿物为斜长石、正长石、石英及少量白云母，定名为花岗伟晶岩，主要矿物颗粒大于1cm，属伟晶结构。仔细观察伟晶岩脉的分带性，发现伟晶岩有4个明显的分带（图5-46），即边缘带、外侧带、中间带和内核带（图5-46）。边缘带主要由细粒结构的长石石英构成，又称细粒结构带。该带厚度一般很小，这里只有4 cm左右，区域上从几厘米到十几厘米，形状不规则且不连续，一般不含矿。外侧带由粗粒结构的长石、石英组成。该带厚度约5cm，呈淡肉红色。区域上大型花岗伟晶岩带常出现文象结构，又称之为文象粗粒结构带。中间带位于外侧带和内核带之间，主要由巨晶、块状长石和石英组成，颜色稍浅，厚度约2 cm。区域上大型的花岗伟晶岩带又称块状钾长石-石英带，矿化发育，是稀有、稀土金属矿产及白云母、长石的富集地段。内核带形态不规则，位于伟晶岩脉中间，由石英块体组成。区域上大型花岗伟晶岩在内核中心部位有时出现晶洞，并有水晶、海蓝宝石、祖母绿等宝石类矿物产出。

图5-46　伟晶岩的分带

仔细观察伟晶岩脉、暗色侵入体与浅色侵入体之间的穿插关系（图5-47）。在此点，可以看到有几条浅色花岗伟晶岩脉穿插暗色侵入体及浅色侵入体中。其中，暗色侵入体与浅色侵入体之间呈渐变过渡关系，这是一种涌动式侵入接触关系。涌动式侵入接触又称隐蔽式侵入接触，是在一个岩体内部，当有一些差异的组分之间出现差异性流动时，先贯入的侵入体虽已开始固结，但部分仍保持液态的情况下，被后贯入的侵入体所侵入。在这里浅色的英云闪长岩就是先贯入的侵入体，暗色闪长岩是后贯入的侵入体。涌动侵入所形成的接触界线不明显，通常在1~2cm的距离内岩石成分和结构发生快速变化而找不到很清楚的接触界面，有时在接触带形成宽度不等的混染带。

图 5-47　银杏沱滚装码头岩脉穿插关系观察点露头

伟晶岩脉同时贯穿中细粒英云闪长岩、细粒暗色闪长岩,且与它们接触界线清晰。伟晶岩靠近边部颗粒较细,这是因为其边界散热快,矿物颗粒结晶时间不充分,形成一种冷凝边,这种接触关系可以说成是一种脉动式接触关系。脉动式侵入接触(图 5-48)又称突变型侵入接触,是来自深部的岩浆间歇性贯入岩体,是在两个侵入体形成时差比较接近,温压条件类似,先形成的侵入体已基本固结,但在仍很灼热的条件下所形成的侵入接触关系。脉动式侵入接触的主要标志:①核部岩浆上侵可穿过外部固结壳后直接侵入围岩而形成穿切关系,可见清楚的侵入接触关系;②有时可在晚期侵入体一侧见到非常窄的冷凝边。

图 5-48　银杏沱滚装码头伟晶岩脉穿插呈现的脉动式接触关系标本

【背景资料】伟晶岩

根据矿物成分可把伟晶岩分为下列几种常见类型。

(1)花岗伟晶岩:最常见的一种伟晶岩,其成分与花岗岩基本相同,主要由钾长石、石英、斜长石和黑云母组成,其次有多种含挥发分的副矿物,如电气石、黄玉、绿柱石和萤石等,具文象结构的伟晶岩称文象伟晶岩。

(2)正长伟晶岩:成分与正长岩大致相当,几乎全由钾长石组成,有时含少量石英,暗色矿物含量很少。

(3)闪长伟晶岩:成分相当于闪长岩,主要由粗大的斜长石和角闪石组成。

【背景资料】文象结构

文象结构(图 5-49)伟晶岩中石英呈楔形镶嵌于钾长石巨晶中。这种结构由组成相当于长石、石英二组分体系共结比的岩浆在温度下降至共结点时与石英长石同时晶出形成。

图 5-49 文象结构

【教学点 29】

银杏沱滚装码头以西约 200m 山坡处。

【教学内容】

该点为钾长花岗伟晶岩脉(图 5-50)、流面流线构造及现代风化壳(图 5-51)观察点。

该点主要岩石类型为英云闪长岩,岩石中的斜长石(更—中长石)含量很高,钾长石含量不足长石总量的 1/10,暗色矿物有角闪石和黑云母,含量可大于 15%。英云闪长岩中发育流面构造,这里的流面构造是由黑云母、长石、扁平状暗色包裹体定向排列而成。流面的形成与岩浆层流有关。侵入体边部和顶部流面的发育程度好于中部,岩体边部流面一般平行于岩体与围岩的接触带。

该点也发育伟晶岩脉,4 个分带明显,与上一观察点不同的是伟晶岩脉成分不同,该点为钾长花岗伟晶岩,颜色呈肉红色,主要矿物正长石、石英及斜长石,钾长石中见有少量文象结构。

图 5-50 银杏沱滚装码头钾长花岗伟晶岩脉、流面流线构造

该点存在现代风化壳,学生应从风化壳的分层性和影响风化作用的因素两方面进行学习。该风化壳分层清楚,有土壤层、残积层、半风化层。土壤层厚度不大,约30cm,颜色较深,上面长有树木;残积层颜色较浅,厚度1～2m,看不见原岩的结构构造。半风化层颜色较深,可能是后期雨水所致。该层保留了原岩的结构构造,如穿插岩脉现象依然保留。风化壳界线是一个不平整的面,它主要与岩石的岩性特征有关。

影响风化作用的因素主要有气候条件、地形条件和岩石性质这三大类。因秭归地区属中低纬度亚热带季风气候区,四季分明,雨量充沛,光照充足,物理风化起主导作用。该观察点所在斜坡向阳,坡度较陡,也为物理风化作用提供了良好的地形条件。该处露头主体岩性为中酸性英云闪长岩,抗风化能力较强。

图 5-51 银杏沱滚装码头现代风化壳露头观察点

【教学点 30】

S334 省道 77km 处,茅坪木材检查站。

【教学内容】

太平溪岩体与崆岭群小以村岩组侵入接触关系及变质岩岩性观察点。

接触带东为黄陵复式花岗岩体中茅坪超单元中坝单元太平溪岩体,接触带西为古元古界崆岭群小以村岩组变质岩。沿东边房屋小路上山约 50m(水沟壁)可见变质岩捕虏体,说明围岩老、基岩新。岩体与围岩接触关系主要有 3 种:侵入接触、断层接触和沉积接触。观察露头可见晚期的岩体沿面理平行侵入或贯入到小以村岩组变质岩中,且在岩体中可见变质岩捕虏体以及长英质岩脉,局部可见揉皱现象,判断为侵入接触关系。

点位处见有小以村岩组变质岩,形成于黄陵岩体侵入之前,为中元古代地层变质。小以村岩组特征是下部为含石墨黑云斜长片麻岩、大理岩、钙硅酸盐岩、石英岩;上部为石英角闪岩夹黑云斜长片麻岩、石英片岩;顶部夹大理岩凸镜体。与下伏古村坪岩组及上覆庙湾组均呈整合接触。点位处可见岩性主要有条带状(蚀变)细粒长英质黑云斜长角闪混合岩、条带状细粒黑云斜长角闪岩、(蚀变)细粒黑云斜长片麻岩、(蚀变)细粒黑云角闪斜长片麻岩,这些多属中级变质岩、角闪岩相。

条带状(蚀变)细粒长英质黑云斜长角闪混合岩(显微镜下薄片鉴定描述):岩石由黑云斜长角闪岩变质岩基体和长英质混合岩化脉体两部分组成。①黑云斜长角闪岩变质岩基体

(70%)为细粒粒状变晶结构,岩石由普通角闪石、蚀变斜长石、石英、蚀变黑云母、磁铁矿等组成。普通角闪石含量为50%,蚀变斜长石(40%)为基性斜长石。石英(2%)有可能是混入的混合岩化脉体矿物。蚀变黑云母(3%)多不同程度绿泥石化、绢云母化、白云母化,并析出泥状绿帘石,内部还残留有变余黑云母。原岩为玄武岩。变质、蚀变为中级区域变质,角闪岩相。②长英质混合岩化脉体(30%)为细粒粒状结构,由蚀变斜长石、石英组成,含少量普通角闪石。石英(>50%)、蚀变斜长石(<50%)多中度—较强烈泥状绿帘石化、黝帘石化和显微鳞片状绢云母化。混合岩化脉体为区域变质晚期岩石发生局部熔融产生的岩浆熔体结晶产物,呈不规则条带状平行分布于斜长角闪岩基体中,使岩石显示明显的条带状构造。条带宽达4mm,与变质岩基体界线呈清楚到渐变过渡关系。整个岩石鉴定结果:原岩为玄武岩。变质、蚀变为先中级区域变质形成黑云斜长角闪岩;区域变质晚期黑云斜长角闪岩发生局部熔融产生岩浆熔体,熔体呈条带状分布于变质岩基体中,结晶成长石石英脉体,形成条带状混合岩;后期汽液蚀变或地表风化。

条带状细粒黑云斜长角闪岩(显微镜下薄片鉴定描述):细粒粒状变晶结构。岩石由普通角闪石、蚀变斜长石、蚀变黑云母和微量磁铁矿等组成。普通角闪石含量为60%。蚀变斜长石(37%)多较强烈泥状绿帘石化、黝帘石化和显微鳞片状绢云母化,为基性斜长石。蚀变黑云母(3%)多较强烈绿泥石化、绢云母化、白云母化,并析出泥状绿帘石,少数内部残留有变水黑云母。长形普通角闪石、斜长石分布略具定向性,略显片理构造。斜长石分布不均匀,斜长石含量较多的浅色条带与斜长石含量较少、普通角闪石的含量较多的暗色条带相间平行分布,形成对比度不十分强烈的条带状构造。原岩为玄武岩。变质、蚀变为中级区域变质,角闪岩相。

(蚀变)细粒黑云斜长片麻岩(显微镜下薄片鉴定描述):细粒粒状变晶结构,片麻状构造。岩石由石英、斜长石、蚀变黑云母和微量磁铁矿等组成。石英含量为35%,斜长石(50%)为基性,较轻度泥状绿帘石化、绢云母化。蚀变黑云母(15%)部分强烈显微鳞片状绢云母化、绿泥石化,部分强烈绿泥石化,不均匀分布,局部相对途中呈不明显的条带状,岩石隐约显示变余片麻状构造。原岩为长石砂岩。变质、蚀变为中级区域变质,后期汽液蚀变、地表风化。

(蚀变)细粒黑云角闪斜长片麻岩(显微镜下薄片鉴定描述):细粒鳞片粒状变晶结构,片麻状构造。岩石由蚀变斜长石、普通角闪石、蚀变黑云母和少量磁铁矿等组成。蚀变斜长石(60%)多较强烈泥状绿帘石化、黝帘石化和显微鳞片状绢云母化,为基性斜长石。普通角闪石含量为35%。蚀变黑云母(5%)多较强烈绿泥石化、绢云母化,并析出泥状绿帘石,少数内部残留有变余水黑云母。普通角闪石、蚀变黑云母分布略具定向性,岩石显示片麻状构造。原岩为玄武岩。变质、蚀变为中级区域变质,角闪岩相,后期汽液蚀变、地表风化。

【背景资料1】侵入接触关系的标志

侵入接触关系反映岩体侵入时代晚于围岩。侵入接触的主要标志:①岩体切穿围岩,在主要岩体附近有岩枝伸入围岩之中;②岩体边部常有较细粒的冷凝边(或边缘带);③岩体边部原生流动构造比较发育;④岩体中有大量的围岩捕房体和同化混染现象;⑤围岩受岩体的影响出现变质矿物,发现在接触变质晕(带),常伴随有矿化(或矿体出现)。变质晕(带)的宽窄主要与岩体的成分、大小、侵入深度、接触面的陡缓和围岩成分有关。观察点位处主要有①

和④两个标志。

【背景资料2】变质岩分类

变质岩根据物源可分为正变质岩(原岩为岩浆岩)和副变质岩(原岩为沉积岩)。变质作用于岩浆岩形成正变质岩,作用于沉积岩为副变质岩,该点由崆岭群小以村岩组沉积岩变质而来,是副变质岩,命名为深灰色条带状混合斜长片麻岩。

【教学点31】

S334省道九曲脑中桥东头。

【教学内容】

崆岭群小以村岩组变质岩岩性观察及南华系、震旦系地层减薄观察点。

点位处见细粒石榴黑云斜长片麻岩。露头见变余层理构造、片麻状构造,细小黑云母颗粒定向排列,肉眼可见少量紫红色细小石榴子石和岩石缝隙间发育的放射状阳起石(图5-52)。阳起石的颜色由带浅绿色的灰色至暗绿色,晶体为长柱状、针状或毛发状,这里主要为放射状。

细粒石榴黑云斜长片麻岩(显微镜下薄片鉴定描述):细粒鳞片粒状变晶结构,片麻状构造。岩石由石英、斜长石、黑云母、蚀变黑云母、石榴子石和微量磁铁矿等组成。石英含量为30%。斜长石(60%)为基性,较轻度泥状绿帘石化、绢云母化。黑云母(9%)多不同程度绿泥石化、绢云母化,并析出泥状绿帘石,少数蚀变强烈。石榴子石(1%)粒度不等,个别达1.6mm,为铁铝榴石,分布不均匀。原岩为长石砂岩。变质、蚀变为中级区域变质,后期汽液蚀变、地表风化。

图5-52 黑云母斜长片麻岩缝隙中发育的放射状阳起石

地层的减薄现象观察:沿公路穿过九曲脑中桥依次出露中元古界小以村岩组变质岩、新元古界南华系莲沱组砂砾岩、南沱组冰碛砾岩及震旦系陡山沱组白云岩,但这些地层的厚度大大减薄,这种现象有可能是岩体隆升形成剥离断层而造成。剥离断层是一条低角度的正断层,常常与岩体隆升有关,它会造成大量的地层缺失。

沿公路穿过九曲脑中桥至山旁民房见一箱状褶皱构造(指两翼产状较陡,转折端平坦而宽阔,形似箱子的褶皱,图5-53),褶皱发育的地层是陡山沱组第二段薄层白云岩、泥质碳质白云岩,这种褶皱通常与滑脱构造有关,发育的地层能干性弱。

图 5-53　九曲脑中桥陡山沱组二段（Z_1d^2）薄层白云岩中发育的箱状褶皱

路线七　基地—下岸溪石料场—基地

1. 教学目标与要求

（1）熟悉岩浆岩的分类方法、识别岩浆岩的不同类型，并确定其相互接触关系。
（2）观察不同岩体的接触关系，并分析岩浆岩的形成过程及形成顺序。
（3）岩浆岩体次生节理观察与测量。

2. 主要教学点

【教学点 32】
下岸溪采石场北侧（图 5-54）。

【教学内容】
黄陵复式岩体及几种岩石岩性特征。

该点为三峡大坝大江截流所用石料的采石场遗址，场地十分开阔，主要岩性为中粗粒斑状花岗闪长岩（二长花岗岩）。该点介绍新元古代黄陵花岗质杂岩体形成的地质背景、岩体与复式岩体的划分、岩性特征，学会野外观察岩浆岩岩性、鉴别矿物、估算矿物含量，根据分类三角图给岩浆岩命名。观察岩浆岩中的次生节理及岩脉，绘制素描图。

图 5-54　下岸溪采石场露头

下岸溪采石场出露的岩体属于黄陵复式小滩头岩体,主要由中粗粒斑状花岗闪长岩构成。除了花岗闪长岩外,这里还有(蚀变)中粒黑云二长花岗岩、(蚀变)细粒黑云石英闪长岩、(蚀变)细粒角闪黑云斜长花岗岩、(蚀变)微晶玻质正长斑岩等。

中粗粒斑状花岗闪长岩:下岸溪采石场的主体岩性。似斑状结构,主要矿物成分有石英($>20\%$)、斜长石($66\%\sim90\%$)和正长石($10\%\sim35\%$)。

(蚀变)中粒黑云二长花岗岩:变余中粒花岗结构。岩石由石英(30%)、蚀变斜长石(为酸性斜长石,$>40\%$)、蚀变钾长石($<25\%$,露头和手标本上可见含钾长石较多)、蚀变黑云母(3%)、白云母(1%)等组成。根据以上主要矿物含量,该岩石落在分类三角图的3b区,属二长花岗岩类。

(蚀变)细粒黑云石英闪长岩:变余细粒半自形晶结构。岩石由蚀变斜长石(55%)、普通角闪石(25%)、石英(13%)、蚀变黑云母(5%)和少量榍石(2%)、磷灰石等组成。蚀变斜长石可能为中长石。根据以上主要矿物含量,该岩石落在分类三角图的10*区,属石英闪长岩类。

(蚀变)细粒角闪黑云斜长花岗岩:变余细粒花岗结构。岩石由石英、蚀变斜长石、黑云母、蚀变黑云母、普通角闪石和少量榍石、磷灰石等组成。石英含量为20%;蚀变斜长石(65%)可能为酸性斜长石;黑云母、蚀变黑云母(10%)多不同程度水黑云母化、绢云母化和被白云母微细绿帘石交代,极少数细小者强烈绿泥石化;普通角闪石含量为3%。根据以上主要矿物含量,该岩石落在分类三角图的5区右边线,属斜长花岗岩类。

(蚀变)微晶玻质正长斑岩:斑状结构,基质为变余微晶玻质结构,含杏仁。斑晶为钠长石(3%)、正长石(2%)。手标本上见有褐黑色长条物,貌似氧化暗色矿物斑晶,实际上为褐黑色褐铁矿集合体。基质由蚀变火山玻璃、钠长石、正长石、褐铁矿组成。蚀变火山玻璃含量为55%、钠长石含量为15%、正长石含量为15%、磁铁矿含量为10%,岩石含少量杏仁;形态呈不规则状,粒度大者达0.4mm,成分有石英质、石英+方解石质、绿泥石质,含量约2%。

【背景资料】黄陵复式岩体

秭归实习区内岩浆岩主要为黄陵花岗杂岩,出露面积约560km^2,属岩基产出状态。岩体侵入时间为8亿年前的新元古代。杂岩体可分为5个超单元:大老岭超单元、黄陵庙超单元、茅坪超单元、端坊溪超单元、晓峰超单元。实习中所涉及的岩体有黄陵庙复式岩体和茅坪复式岩体两个超单元。其中,黄陵庙复式岩体超单元包括小滩头岩体(中粗粒斑状花岗闪长岩)、青鱼背岩体(中粒白云母二长花岗岩)和三斗坪岩体(灰色中粒黑云母花岗闪长岩);茅坪复式岩体超单元包括东岳庙岩体(灰色中粗粒黑云斜长花岗岩)、堰湾岩体(灰白色粗粒黑云母英云闪长岩)、太平溪岩体(深灰色中粗粒黑云角闪英云闪长岩)、中坝岩体(灰色中—细粒黑云母石英闪长岩)和兰陵溪岩体(灰黑色中—细粒黑云角闪石英辉长岩)(图5-55)。

【教学点33】

下岸溪采石场东侧。

【教学内容】

黄陵复式岩体的几种接触关系。

黄陵复式岩体超动式接触现象(图5-56):露头可以看到一条灰绿色—紫红色岩脉穿插到花岗闪长岩中,岩脉是正长斑岩。这条岩脉的边部有冷凝边,其寄主岩有烘烤边,说明寄主岩形成较早,而岩脉是后期贯入,这种接触关系就是岩浆岩的超动式接触关系。

超动式侵入接触又称斜切式侵入接触,指在不同时代的深成岩体之间,或在同时代的不同深成岩体之间,所呈现出的急变式接触关系。晚形成的深成岩体特点:①具细粒边和冷凝边;②有岩枝穿入早期岩体;③有早期深成岩体的捕房体、捕房晶等,有时发育有"火成角砾岩带";④边缘具流动构造、变形构造,如叶理、线理等常平行于接触面。早形成的深成岩体特点:①出现烘烤边、蚀变带或热变质现象;②被晚期深成岩体切割,完整性遭到破坏,出露残缺不全;③所含矿脉、脉岩、断层等到接触面突然中断,不通过晚期深成岩体,而接触面上又无其他断层标志。

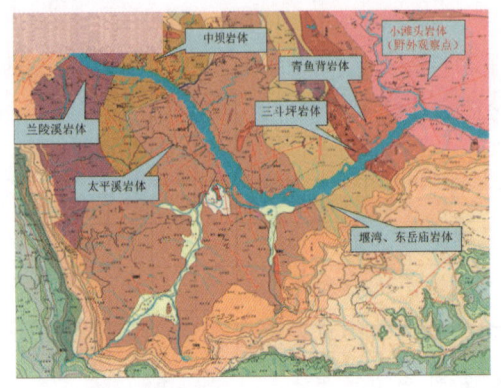

图 5-55 实习区岩体分布示意图　　图 5-56 黄陵复式岩体超动式接触关系现象露头观察点

黄陵复式岩体超动式涌动侵入接触现象(图 5-57):在下岸溪采石场东侧,可观察到岩体的涌动侵入接触现象。在这里,出现颜色不一样的岩浆岩,颜色由外至里由浅变深。仔细观察岩石类型也是变化的,是由酸性逐渐变成中性,即二长花岗岩—花岗闪长岩—石英闪长岩。这些变化是一种同化现象,即岩浆岩的涌动接触关系。

涌动式侵入接触又称隐蔽式侵入接触。在一个岩体内部,当有一些差异的组分之间出现差异性流动时,先贯入的侵入体虽已开始固结,但部分仍保持液态的情况下,被后贯入的侵入体所侵入,在这里浅色的二长花岗岩就是先贯入的侵入体,闪长岩是后贯入的侵入体。涌动侵入所形成的接触界线不明显。通常在 1～2cm 的距离内岩石成分和结构发生快速变化而找不到很清楚的接触界面(这里就找不到很清楚的接触界面),有时在接触带形成宽度不等的混染带。

在露头上还可以看到一些暗色包体(图 5-58),仔细看有两种类型,一是随晚期岩浆上来的残留包体,这类包体与晚期岩浆岩界线不是十分清晰,它是岩浆在侵位过程中的同化混染作用所致(由于早期岩浆没有固结它而同化了晚期岩浆)。另一种包体暗色矿物含量很高(富黑云母),这是岩浆结晶分异所致,称为析离体。析离体又称异离体,是在岩浆结晶过程中,有一部分早期结晶矿物相对集中,呈团块状或条带状分布在岩体中,其边缘界线有时不清,逐渐消失。析离体是侵入岩中包裹体的一种,是由岩浆中早期析出的一些矿物集合而成的小团块,如花岗岩中的黑色细粒黑云母和斜长石的小团块。这里的析离体是随晚期岩浆从岩浆房中带出的。

图 5-57　黄陵复式岩体超动式涌动侵入接触关系现象露头观察点　　图 5-58　下岸溪采石场处黄陵复式岩体内的暗色包体露头观察点

路线八　基地—邓村—基地

1. 教学目标与要求

(1) 观察描述中—古元古界古村坪岩组、小以村岩组、庙湾岩组组岩石特征。

(2) 观察并识别发育于岩石早期的韧性面理、线理以及晚期脆性断层破碎带的性质,并根据其伴生次级构造判断断层运动方向和力学性质。

2. 主要教学点

【教学点 34】

S287 省道茅垭观景台北东 200m 处。

【教学内容】

古村坪岩组混合岩观察。

混合岩是原变质岩石受混合岩化作用形成的岩石,可分为基体和脉体两部分。基体由各种区域变质岩组成,如斜长角闪岩、片麻岩、片岩、变粒岩等,颜色较深。脉体为部分熔融组分,通常为花岗质、长英质(细晶质)、伟晶质和石英脉等,颜色较浅。

混合岩中交代现象十分发育,常形成一些特殊的混合构造,因其是在区域变质作用基础上发展起来的,常与区域变质岩相伴生,在空间上常呈带状分布。混合岩在我国分布广泛,种类繁多,如山西、河南、河北及东北各省均有出露。与混合岩有关的矿产主要有硼、磷、镁、铝、铁、铜及稀有放射性元素等。

此点可见长英质黑云角闪斜长条带状混合岩(图 5-59)。

【教学点 35】

S287 省道茅垭垭口处。

【教学内容】

小以村岩组动力变质岩观察。

动力变质岩是原有各种岩石在应力作用下经受一定程度的脆性或塑性变形,发生不同程

图 5-59 秭归邓村古村坪岩组混合岩露头观察点

度的破裂、粉碎或滑移、重结晶作用所形成的岩石。由于热和流体作用,常伴有一些新矿物。动力变质岩主要位于断裂带、剪切带,在野外常呈带状分布。此露头可见的是糜棱岩(图 5-60)。糜棱岩是由于原岩遭受强烈挤压破碎后所形成的一种粒度较细的动力变质岩。

图 5-60 邓村小以村岩组糜棱岩露头观察点

【教学点 36】

S287 省道 90 km 处。

【教学内容】

小以村岩组区域变质岩观察。

区域变质岩是由区域变质作用所形成的岩石,多出现于前寒武纪的古老结晶基底及其以后的地壳活动带(造山带)内。岩石常呈大面积或带状分布,长几百千米乃至数千千米,宽度十千米至数百千米。此点可见的区域变质岩有角闪岩、黑云斜长片麻岩、斜长角闪岩、大理岩、石英岩等(图5-61)。

图5-61　邓村小以村岩组石英岩露头观察点

【教学点37】
S287省道薄刀岭采石场。
【教学内容】
庙湾岩组区域变质岩与交代变质岩观察。

交代变质岩是由热的气体和溶液(气水热液)对已形成岩石(火成岩、沉积岩和变质岩)的交代作用,使原岩的化学成分、矿物成分、结构、构造发生变化形成新的岩石。根据原岩成分可将常见气-液变质岩分为矽卡岩、云英岩、青磐岩和蛇纹岩四大类。此点可见的岩类是蛇纹岩(图5-62)。蛇纹岩是由超基性岩受低—中温热液交代作用,使原岩中的橄榄石和辉石发生蛇纹石化所形成。

图5-62　邓村庙湾岩组变质岩露头观察点(左图)与蛇纹岩(右图)

第五节　地质构造观察路线

路线九　基地—长阳白氏桥南—肖家台—肖家大院—基地

1. 教学目标与要求

(1)观察描述寒武纪—奥陶纪地层序列。
(2)学习观察断层、褶皱的基本方法。
(3)观察长阳白氏桥南—肖家台—肖家大院沿途构造：①长阳复背斜北翼寒武系—奥陶系褶皱样式和断层构造；②观察分析岩石能干性、层厚对褶皱样式的影响；③作路线信手剖面。

2. 主要教学点

【教学点 38】
清江北岸龙舟大道白氏桥南侧。
【教学内容】
观察震旦系灯影组(Z_2dy)、寒武系天河板组(ϵ_2t)地层特征与断层构造观察点。

点南为震旦系灯影组(Z_2dy)，浅灰色厚层白云岩—块状细晶白云岩，偶见薄层白云质灰岩。本组地层的相关剖面特征在周家垴路线中有详细描述。

在该教学点要重点观测震旦系灯影组内发育的顺层剪切变形构造，此点可见约 30cm 宽的顺层脆韧性剪切变形带。要注意观测层面擦痕和正阶步(图 5-63)，其指示左行顺层剪切滑动。该组顺层剪切变形构造被白石桥断层截切，其形成时代早于白石桥断层。

图 5-63　震旦系灯影组白云岩层面上的顺层滑动擦痕与正阶步

震旦系灯影组内节理构造十分发育，并被方解石脉充填。方解石脉充填的组合形式有平行式、雁列式和火炬式(图 5-64)。同时，需要关注该组内各节理间的相互切割关系，有的火炬状张节理又被晚期形成的剪节理切割。

图 5-64 震旦系灯影组内的节理构造

点北为寒武系天河板组（$\in_2 t$），为一套浅灰色、深灰色薄层状泥质条带灰岩夹中层状灰岩，所谓泥质条带灰岩即是薄层的灰岩和薄层的泥灰岩互层。该套地层与震旦系灯影组为断层接触关系（图 5-65）。学生应在此观察点从断层面、断层破碎带、断层两侧地层与岩性等方面收集断层的依据并判断断层的性质。

【教学点 39】
白石桥北约 300m 处。
【教学内容 1】
白石桥背斜南翼不对称褶皱构造观察点。

该点可见寒武系天河板组（$\in_2 t$），为一套浅灰色、深灰色薄层状泥质条带灰岩夹中层状灰岩。该层内可见大量 S 型寄生褶皱和复式 S 型寄生褶皱。

由于水平方向的挤压形成顺层剪切作用，受顺层剪切变形影响发育系列不对称褶皱构造，不对称褶皱反映的物质运动方向为逆向顺层剪切滑动。南翼见大量 S 型寄生褶皱，观察 S 型或 Z 型褶皱时，要注意从长翼出发，其形态呈 S 型即是 S 型褶皱，其形态呈 Z 型即是 Z 型褶皱。寄生褶皱的包络面产状代表层面产状，这里的地层产状要测量包络面。寄生褶皱枢纽产状与主褶皱枢纽产状一致，褶皱弯曲方向（外层面剪切方向）指向褶皱的转折端，据此，往北会出现背斜构造，往南出现向斜构造。点位处出现复式 S 型寄生褶皱如图 5-66 所示。

图 5-65　白石桥断层构造观察点露头

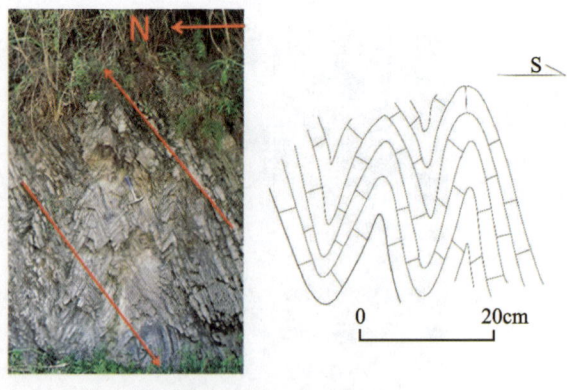
图 5-66　白石桥背斜南翼复式紧闭褶皱及其示意图

【教学内容 2】

白石桥背斜南翼天河板组（$\in_2 t$）中逆断层构造观察（图 5-67）。

在露头处，可见天河板组中发育一逆断层。该断层是白石桥背斜的伴生构造，是由水平挤压作用形成的，进一步挤压就会在剪切面方向形成剪节理，剪节理进一步发展就演化成逆断层。在背斜的另一翼同样会形成一逆断层，这两条断层是共轭的，是背冲逆断层组合。学生应从断面、伴生构造以及标志层等方面寻找断层依据。

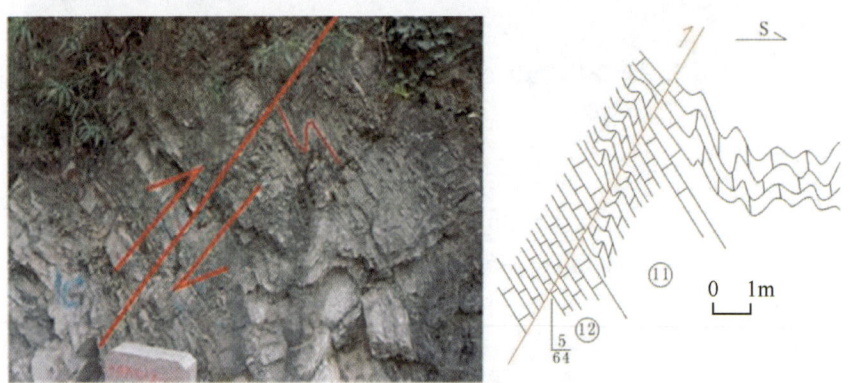
图 5-67　白石桥背斜南翼典型 S 型褶皱、逆断层及其示意图

【教学内容 3】

白石桥背斜观察（图 5-68）。

点位处出露寒武系天河板组（$\in_2 t$），为浅灰色、深灰色薄层状泥质条带灰岩夹中层状灰岩。该地层组成了直立倾伏褶皱，该褶皱由中（薄）层状灰岩组成圆柱状能干层褶皱转折端。转折端处被植被覆盖，这是因为在背斜形成的过程中，背斜转折端处于拉张环境，在张应力作用下形成了张节理，风化后节理中充填有土壤从而导致了植物的生长。

在此教学点，学生应对两翼地层产状、枢纽和轴面产状进行测量，在完成北翼不对称褶皱观察后，再完成背斜整体的素描图绘制工作。

图 5-68　白石桥背斜露头观察点

【教学内容 4】

白石桥背斜北翼不对称褶皱和箱状观察。

该点可见寒武系天河板组（$\in_2 t$）内发育 Z 型寄生褶皱（图 5-69）和箱状褶皱（图 5-70），其形成机制与背斜南翼 S 型褶皱一致。

图 5-69　白石桥背斜北翼 Z 型寄生褶皱

图 5-70　白石桥背斜北翼箱状褶皱

【教学内容 5】

白石桥背斜北翼断层观察（图 5-71）。

受整体挤压应力的影响，在白石桥背斜北翼寒武系天河板组（$\in_2 t$）内见一正断层。学生在此点需要从标志层、断层面、构造透镜体和牵引构造等方面进行观察,判断断层性质并绘制断层素描图。

【教学点 41】

白石桥北约 500m 处。

【教学内容】

该点为寒武系石龙洞组($\in_2 sl$)与寒武系天河板组($\in_2 t$)地层界线观察点。

点南出露寒武系天河板组($\in_2 t$),为灰色薄层状灰岩夹中厚层状灰岩组合,岩石新鲜面深灰色,细晶结构,薄—中厚层构造。岩石具贝壳状断口、致密,小刀可滑动。在薄层状泥质条带灰岩内发育 Z 型寄生褶皱。

点北出露寒武系石龙洞组($\in_1 sl$),为深灰色至褐色中—厚层状白云岩与深灰色薄层状白云岩组合,岩石新鲜面深灰色—褐色细晶结构,薄—中厚层构造。两组地层整合接触,沿路线向北岩层厚度呈厚—薄—厚变化。

寒武系石龙洞组($\in_2 sl$)与下伏寒武系天河板组($\in_2 t$)呈整合接触关系。

【教学点 41】

肖家台南 500m 公路拐弯坡顶。

【教学内容】

该点为寒武系覃家庙组($\in_2 q$)与石龙洞组($\in_2 sl$)地层界线观察点(图 5-72)。

点南出露寒武系石龙洞组($\in_2 sl$),为深灰色—褐色中—厚层白云岩与深灰色薄层状白云岩组合。

点北出露寒武系覃家庙组($\in_2 q$),为灰色—深灰色薄层白云岩、白云质灰岩,夹少量泥岩,可见小型顺层滑脱。

寒武系覃家庙组($\in_2 q$)与下伏石龙洞组($\in_2 sl$)呈整合接触关系。

图 5-71　白石桥背斜北翼小断层

图 5-72　寒武系覃家庙组($\in_2 q$)与石龙洞组($\in_2 sl$)地层界线露头观察点

【教学点 42】

清江园林景观石销售中心马路对面北侧山沟里。

【教学内容】

该点为寒武系娄山关组($\in_3 O_1 l$)与寒武系覃家庙组($\in_2 q$)地层界线观察点。

点南出寒武系覃家庙组（$\in_2 q$）为灰色—深灰色薄层状白云岩、白云质灰岩，风化面灰色，新鲜面深灰色，细晶结构，中薄层构造，局部偶见"刀砍纹"。

点北出露寒武系娄山关组（$\in_3 O_1 l$），为浅灰色厚层状白云岩和白云质角砾岩（图5-73）组合。浅灰色厚层状白云岩，岩石新鲜面浅灰色，细晶结构，厚层状构造。白云质角砾岩，岩石具内碎屑结构，角砾多呈棱角状、次棱角状，钙质胶结。

寒武系娄山关组（$\in_3 O_1 l$）与下伏寒武系覃家庙组（$\in_2 q$）呈整合接触关系。

图5-73　寒武系娄山关组（$\in_3 O_1 l$）和寒武系覃家庙组（$\in_2 q$）地层界线观察点（左图）与娄山关组白云石角砾岩（右图）

【教学点43】

肖家大院小桥对面采石场。

【教学内容1】

寒武系娄山关组（$\in_3 O_1 l$）地层内叠层石观察点（图5-74）。

点位出露寒武系娄山关组（$\in_3 O_1 l$），可见层内发育叠层石化石。要求学生画叠层石素描图，理解叠层石的生长环境和研究叠层石的意义。

图5-74　寒武系娄山关组（$\in_3 O_1 l$）地层内的叠层石

【背景资料】叠层石

叠层石是化学沉积岩中最常见的一种"准化石"，是原核生物所建造的有机沉积结构。蓝藻等低等微生物的生命活动所引起的周期性矿物沉淀、沉积物的捕获和胶结作用，从而形成了明层（富屑代表白天）暗层（富藻代表晚上）相间的叠层状的生物沉积构造。因纵剖面呈向上凸起的弧形或锥形叠层状，如扣放的一叠碗，故而得名。叠层石的生长条件：①蓝藻藻丛生长发育;②有一定数量的细小沉积颗粒供蓝藻的胶鞘黏附;③水底的底流不太强烈,水底物质的位置相对稳定;④叠层石增长速度大于它的剥蚀速度;⑤叠层石在生长过程中应迅速得到固结,否则就会垮塌,不能具备形态学特征;⑥充足的阳光。

古代叠层石主要保存于石灰岩、白云岩中。在燧石层、磷块岩、铁矿中,甚至砂岩中也可发现叠层石。叠层石生长于潮上带、潮间带和潮下带的滨海地区,可用于层序地层中的示底,包含水平状、波状、穹隆状、包菜状、分枝状、柱状、S型等各种形态的叠层石构造,但都具有向上穹起的叠积纹构造,穹状纹层的凸出方向指向岩层的顶面。

【教学内容2】

寒武系娄山关组(ϵ_3O_1l)内古岩溶现象观察点(图5-75)。

该点位可见寒武系娄山关组(ϵ_3O_1l)内发育的古溶洞。该溶洞除了能见到洞穴外,还能见到小型石钟乳垂直层面生长,表明该溶洞是地层发生倾斜之前形成的,故称之为古溶洞。此处古溶洞形成的构造条件可能与本地区缝合线构造相关(在溶洞的延长方向可以见到)。

图5-75　寒武系娄山关组(ϵ_3O_1l)内古岩溶现象观察点露头

【背景资料】缝合线构造

缝合线构造(图5-76)是压溶构造的一种,为碳酸盐岩中常见的一种裂缝构造,其成因有争论,多数学者认为主要受上覆地层压力和温度作用而形成溶蚀。缝合线构造剖面上呈锯齿状的曲线,平面上呈现为参差不平、凹凸不平的面,立体上呈下凹与凸起大小不等的柱体,大小相差甚远,有的参差起伏十分明显,有的则较平坦以至逐渐与层面一致而消失。

图5-76　实习区内缝合线构造现象

【教学点 45】

肖家大院小桥西南龙舟大道东侧山壁。

【教学内容】

该点为奥陶系南津关组(O_1n)与寒武系娄山关组($\in_3O_1l$)地层界线观察点与梁山向斜观察点(图 5-77)。

点南为寒武系娄山关组($\in_3O_1l$),为厚层粗粒白云岩及角砾白云岩,有时出现巨厚层白云岩,风化后呈现褐黄色,很容易辨认。

点北为寒武系娄山关组($\in_3O_1l$),为灰色厚层—中薄层灰岩、含藻屑等生物碎屑灰岩,纹层清楚。

奥陶系南津关组(O_1n)与下伏寒武系娄山关组($\in_3O_1l$)呈整合接触关系。

图 5-77 奥陶系南津关组(O_1n)与寒武系娄山关组($\in_3O_1l$)地层界线观察点露头

沿途可见南津关组灰色厚层—中薄层灰岩,含藻屑等生物碎屑灰岩。地层产状由平缓北倾逐渐转变为平缓南倾,构成了开阔的向斜构造,该向斜称为梁山向斜,其核部地层为南津关组,两翼地层为娄山关组。

【教学点 45】

S324 省道西 32.75 km 处。

【教学内容】

该点为奥陶系南津关组(O_1n)与寒武系娄山关组($\in_3O_1l$)地层界线观察点与梁山向斜北翼观察点(图 5-78)。

点北为娄山关组($\in_3O_1l$)厚层状白云岩,点南为南津关组(O_1n)厚层状灰黑色含藻屑灰岩。

奥陶系南津关组(O_1n)与下伏寒武系娄山关组($\in_3O_1l$)呈整合接触关系。

地层变为向南倾斜,说明此处为向斜北翼。

图 5-78　梁山向斜北翼奥陶系南津关组(O_1n)与寒武系娄山关组(ϵ_3O_1l)地层界线点露头

【教学点 46】

S324 省道南边 31.5km 处。

【教学内容】

寒武系娄山关组(ϵ_3O_1l)内断层观察点。

点位出露寒武系娄山关组(ϵ_3O_1l)厚层状白云岩,但岩层产状转变为几乎直立,推测很可能在此点之前存在一个断层,断层面很有可能在山沟处,可以带学生去房子后面追索产状变化位置。区域上推测断层面向北倾斜(遥感影像图上可以看出,图 5-79)。

陡倾地层带与南部的梁山平缓开阔向斜构造之间被第四系覆盖,但宏观上表现出构造不协调现象,主要表现为产状的突变,即由南侧的平缓倾向南东突变为北侧的高角度倾向北或近直立产状,推测期间存在大型断裂构造,在地貌上则表现为近东西向的线性沟谷带(见路线地质信手剖面图)。

由于河流的阻隔部分地层不能看见,靠近路线的末端可以看见南津关组,为灰色厚层状灰岩、角砾状灰岩、灰质白云岩及鲕状灰岩。

图 5-79　寒武系娄山关组(ϵ_3O_1l)内推测断层遥感影像图(影像来自 Google Earth)

【教学点 47】

肖家大院农家乐对面马路边。

【教学内容】

奥陶系分乡组(O_1f)与南津关组(O_1n)地层界线观察点。

点南为奥陶统南津关组（O_1n），为灰色厚层状灰岩、角砾状灰岩、灰质白云岩及鲕状灰岩。鲕粒灰岩主要组成成分为碳酸钙，是水体动荡环境下形成的小于2mm的鲕粒。

点北为奥陶系分乡组（O_1f），为灰色中薄层状生物碎屑灰岩、鲕状灰岩，夹泥岩、页岩，含舌形贝化石。

奥陶系分乡组（O_1f）与下伏奥陶系南津关组（O_1n）呈整合接触关系。

【教学点48】

肖家大院农家乐对面马路边。

【教学内容】

奥陶系红花园组（O_1h）与分乡组（O_1f）界线观察点。

点南为奥陶系分乡组（O_1f），为灰色中薄层状生物碎屑灰岩、鲕状灰岩夹泥岩、页岩，含舌形贝化石。

点北为奥陶系红花园组（O_1h），为灰色中薄层状生物碎屑灰岩。

奥陶系红花园组（O_1h）与下伏奥陶系分乡组（O_1f）呈整合接触关系。

【教学点49】

肖家大院农家乐对面马路边。

【教学内容】

奥陶系大湾组（$O_{1-2}d$）与红花园组（O_1h）地层界线观察点。

点南为奥陶系红花园组（O_1h），为灰色中薄层状生物碎屑灰岩。

点北为奥陶系大湾组（$O_{1-2}d$），为灰色—灰绿色中厚层状泥质灰岩夹灰绿色泥岩、页岩。区域上发育瘤状灰岩，含扬子贝化石。

奥陶系大湾组（$O_{1-2}d$）与下伏奥陶系红花园组（O_1h）呈整合接触关系。

第六节　实测地层剖面与独立填图区踏勘

路线十　基地—九龙湾－基地实测地层剖面踏勘

1. 教学目标与要求

（1）学会实测地层剖面分层与岩性描述方法，绘制南华系南沱组（Nh_2n）地层信手剖面图。

（2）完成南华系南沱组（Nh_2n）岩石地层实测地层剖面工作，绘制实测地层剖面图和柱状图。

2. 主要教学点

【教学点50】

九龙湾陡纸线和花纸路终点交会处南东30m。

【教学内容】

南华系南沱组（Nh_2n）地层剖面实测踏勘。

该点为实测剖面起点，是南华系莲沱组和南沱组的分界点。点北为莲沱组紫红色砂岩、粉砂岩,点南为南沱组底部紫红色砾岩(图5-80)。九龙湾三峡大坝观景平台南约70m处是实测剖面的终点,是南华系南沱组与震旦系陡山沱组地层界线点(图5-81)。

教师带领学生学会根据岩石的颜色,含砾量的多少,砾石的大小、成分、磨圆度以及层理等,对南沱组进行分层。同时注意在剖面的起点和路线中部可见断层构造,注意进行判断。实测时注意莲沱组作为第0层,测绳起点要在踏勘起点以西5m以上,测绳终点要拉至陡山沱二段,即踏勘终点以南5～10m。实测地层剖面图的比例尺为1∶1000,柱状图为1∶500。教师带领学生在踏勘起点进行适量的实测剖面演练工作(包括测线布置、测量分工、填表等),以确保学生独立实测工作的顺利进行。

图5-80　南华系南沱组(Nh_2n)　　　　图5-81　南华系南沱组(Nh_2n)
地层实测剖面起点　　　　　　　　地层实测剖面终点

路线十一　基地—滴水岩—雾河—红水坪—九龙湾—基地填图区踏勘

1. 教学目标与要求

(1) 踏勘了解实习填图区的地形地貌及穿越条件,学习野外地质调查研究的工作方法。
(2) 了解填图区基本地质概况、地层展布、构造线方向,学会设计填图路线。
(3) 练习使用野外采集系统。

【教学点51】

滴水岩(邹石线急弯处)。

【教学内容】

震旦系灯影组石板滩段(Z_2dy^s)与蛤蟆井段(Z_2dy^h)地质界线观察点。

点南为石板滩段薄层灰岩,点北为蛤蟆井段灰白色白云岩。

注意该点所见蛤蟆井段地层层厚与在棺材崖、黄牛崖所见地层的差异性。注意要求学生将踏勘路线中的观察点记录到地形图、野簿和野外采集系统中。

【教学点52】

邹石线路旁,上一观察点北约100m处。

【教学内容】

震旦系灯影组蛤蟆井段(Z_2dy^h)与震旦系陡山沱组四段(Z_1d^4)的地层界线观察点。

点南为灯影组蛤蟆井段灰白色厚层白云岩,点北为陡山沱组四段黑色薄层硅质泥岩、碳质泥岩夹白云质灰岩。

【教学点 53】

晒谷石至花纸路。

【教学内容】

震旦系陡山沱组三段(Z_1d^3)与陡山沱组二段(Z_1d^2)的地质界线观察点。

晒谷石为陡山沱组三段薄层白云岩。沿山顶小路往北西方向,依次出露陡山沱组二段、陡山沱组一段、南沱组,至红水坪花纸路上时出露莲沱组紫红色砂岩。

【教学点 54】

红水坪至九龙湾的花纸路沿线,反复出露南华系莲沱组与南沱组,同时注意观察并记录滑坡和断层现象。

【背景资料】填图区

本实习填图区工作分半独立填图和独立填图两个阶段进行。半独立填图阶段,教师带领学生分别进行南线和北线踏勘工作(图 5-82)。南线涉及到的填图单元包含莲沱组(Nh_1l)、南沱组(Nh_2n)、陡山沱组一二段(Z_1d^{1-2})、陡山沱组三四段(Z_1d^{3-4})、灯影组一段(Z_2dy^1);北线涉及到的填图单元包含黄陵花岗岩($\gamma\delta Pt_3$ 或 $\eta\gamma Pt_3$)、莲沱组(Nh_1l)、南沱组(Nh_2n)、陡山沱组一二段(Z_1d^{1-2})、陡山沱组三四段(Z_1d^{3-4})、灯影组一段(Z_2dy^1)、灯影组二段(Z_2dy^2)、第四系(Qh)、滑坡和断层等。

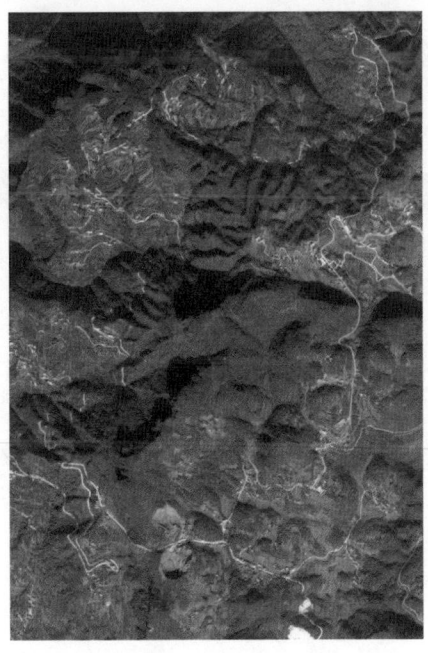

图 5-82 秭归填图区遥感影像图(来自 Google Earth)

第六章 室内资料整理与报告编写

地质资料的室内整理与报告编写是对野外实践的一次梳理和总结,它是锻炼学生构建系统地质思维能力和综合分析能力的重要环节,应引起重视。从百年前地质先辈们的实习报告可以领悟到,资料整理与实习报告编写务必秉承严谨认真的工作作风、实事求是的科学精神和精益求精的科学态度,用文字和图表去表达在野外用双眼和双手的所见所得。在报告中,要能对野外所见的各种地质现象进行联系,经过科学的比较分析后,总结归纳,得出规律。

第一节 室内资料整理

本次实习所涉及的地质资料大多为野外露头上观察到的地质现象(如地层、岩性、地质构造、地质灾害等)的文字记录、地质素描图、各类标本、实测地层记录表、实测地质剖面图、地层柱状图、填图区实际材料图与地质图、照片等。实习中获取的图、表、文、实物等资料一般要求在当天内完成整理。主要整理工作有图、表、文、实物校对,地质观察点记录表整理、手图整理及实际材料图的编制等。

(1)整理手图、登记表、文字记录、实物等资料时,应核实点号、岩性层位代号、标本及样品编号、位置及各种数据,确认无误后再分别进行整理。如发现问题,必须到野外核实,方能补充、修正。

(2)检查地质、工程地质观察点记录表中填写的内容是否齐全,文字是否通顺,有无错漏字,专业用语是否准确,完善素描图并对各类数据和素描图上墨。检查手图中地质点、观察路线、产状、填图单元、标本、样品、照相等位置、数据以及界线勾绘有无错漏,然后逐一上墨。

(3)本次实习中,实际材料图专指填图区所涉及的范围。学生应在野外填图过程中逐步完成,其底图又称清图,与填图用的手图是同版、未折叠、无皱纹、无破损的地形图,需要提前在透明纸上清绘或者提前在GIS平台导入。随填图进展,根据GPS坐标及时将手图上的地质点、工程地质点、路线、标本、样品、产状、施工工程、地质界线、断层线等的位置、编号、代号转绘到清图上,再逐渐完善,最终成为实际材料图。

(4)在清绘各类地质图件时,注意将清图覆盖于手图之上进行展绘,展绘清图时注意:一是按坐标网依一定顺序逐个进行(以免遗漏);二是先用铅笔展绘,待自检及内检无误后,再上墨;三是如遇手图收缩较大时,应按每个方格网进行平差处理后,再展绘各点。

第二节　报告编写

本次实习要求每个学生独立完成一份地质实习报告及相应的地质图件。每份报告需经过带班教师的审定后才能定稿提交。报告的编写内容和格式按规范要求进行，要注意格式的规范性、章节的完整性、插图与表格的齐全性和美观性、语言的流畅性、逻辑的清晰性，鼓励学生有自己的认识和见解，报告的格式要求如下。

(1)报告总体包含七章和附录。

(2)每章标题之后要有对本章的总述。

(3)第一章为绪言，约600字，应包括两部分内容：①实习区的地理位置、行政区划；交通（附地理位置图）、自然地理经济；主要水系、气候概况、工农业概况等。②实习的目的、任务和内容；起止时间、分组情况、指导老师、完成的工作量（观察路线数量、观察点数、采集标本数量、地质填图面积、实测剖面长度、附图数量等）及工作成果，可列表。

(4)第二章为地层，约3000字。在概述实习区地层发育情况的基础上，以组为单位从老至新对实习区地层的分布、岩性及其结构特征、含化石情况、岩相及厚度变化、沉积环境、地层接触关系等进行描述和总结。在描述过程中，要充分利用好路线上收集整理的各类素描图、综合柱状图、信手剖面图以及最后的填图区地质图等。有实测剖面的地层单元，应将实测剖面的内容专门列出，按层的方式阐述，并表达清楚各地层岩石的组合及岩性特征、含化石情况、沉积环境及厚度等。以自己的观察为主进行阐述，做到语言流畅、图文并茂，易于理解。本章的小节标题依次如下。

一、新元古界

1.南华系

2.震旦系

二、下古生界

1.寒武系

2.奥陶系

3.志留系

三、上古生界

1.泥盆系

2.石炭系

3.二叠系

四、第四系

(5)第三章为岩浆岩，约1600字。按观察到的岩石进行描述，同时需要对黄陵岩体的特征（形态、规模、地理位置及形成时代等）进行描述。例如：①二长花岗岩；②花岗闪长岩；③英云闪长岩；④闪长岩；⑤辉石角闪石岩；⑥伟晶岩；⑦岩脉穿插关系分析等。描述顺序是观察地点、岩性描述、时代、与什么岩石或地层的接触关系，注意加入素描图。

(6)第四章为变质岩，约600字。按观察到的岩石进行描述。例如：①中细粒斜长角闪岩;②黑云斜长片麻岩;③石英岩;④大理岩;⑤黑云母片岩;⑥糜棱岩;⑦蛇纹岩;⑧混合岩类等。描述顺序:观察地点、岩性描述、时代、与什么岩石或地层的接触关系,注意加入素描图。

(7)第五章为构造,约2000字,按以下格式分列。

一、褶皱构造

1.白石桥向斜

2.白石桥北背斜

3.九畹溪平卧褶皱

二、断裂构造

1.西陵峡村断层

2.白石桥南断层

3.其他断层

4.节理

三、其他构造

对构造现象的描述内容包括观察地点、所处地层、岩性、构造形态和构造要素等,且必须是素描图作为插图。另外,长阳信手剖面图中覃家庙组以南部分作为插图放入白石桥向斜和白石桥北背斜部分。

(8)第六章为矿产,200~400字,概括描述即可。实习区路线上所见矿产主要有灯影组二段和岩家河组的水泥建材和板材、灯影组三段的镁质建材、陡山沱组四段中碳质泥岩的煤层、水井沱组的页岩气、红花园组和宝塔组的板材和石材、陡山沱组四段和水井沱组中的"锅底灰岩"观赏石等。

(9)第七章为地质灾害,约1000字。扼要总述实习中所观察的地质灾害现象,如新滩滑坡和链子崖危岩体。阐述顺序:地理位置、形成原因(如地形地貌条件、地层岩性条件、地质构造条件、诱发因素等)、发育规模、变形特点、灾害后果、监测手段与工程治理措施等。

(10)结束语,约400字。要求对整个地质实习进行总结和评价,主要包括3个方面:①简练地肯定实习中的主要成绩、新的认识、新的发现;②简要叙述实习中存在的问题和不足之处,对今后实习提出建议;③对实习工作中提供帮助的人表达感谢。

(11)主要参考文献,按照实际的参考情况规范编入。

(12)报告的主要附表和附图按照如下顺序装订在报告最后:

附表　实测地层剖面记录表

附图一　宜昌市雾河地区地质图

附图二　实测地层剖面图

附图三　实测地层柱状图

附图四　长阳信手剖面图

(13)报告清抄和装订。注意事项:①报告清抄格式参照教科书格式,注意四周留一定空隙,便于装订;②报告正文清抄完成后编写目录;③图面大于报告页面的图件,应折叠好后装订在正文后面。

第三节　实习报告质量评定标准

一、填图区地质手图(100分,占报告总分的10%;共8项,前4项每项10分,后4项每项15分)

(1)地质点和编号;(2)产状符号;(3)标本及编号;(4)地质体代号;(5)地质体界线;(6)断层线及性质产状;(7)平行不整合界线;(8)实测剖面图位置。注意:按小组提交,同一组同一分数。

二、填图区地质图(100分,占报告总分的20%,每项10分)

(1)抽稀地形线与高程点;(2)典型地物、地名;(3)地质体界线;(4)产状符号;(5)地质体代号;(6)断层线及性质产状;(7)不整合界线;(8)上色合理性;(9)图例;(10)责任表、比例尺、图名是否准确合理。

三、实测地层剖面图(100分,占报告总分的10%,每项10分)

(1)图名准确性;(2)比例尺和方位角;(3)导线平面图及应标内容;(4)平面导线长度与剖面线是否吻合;(5)剖面图中岩性花纹符号;(6)地质体代号及图例;(7)产状地质点分界线标本等位置及其投影上下是否一致;(8)地层产状真倾角和视倾角;(9)责任表及整理程度;(10)清绘着墨。

四、实测地层柱状图(100分,占报告总分的10%,每项10分)

(1)图名和比例尺;(2)各项内容是否完善;(3)岩性花纹的准确性;(4)地层柱中各层厚度的准确性;(5)重要接触关系和构造运动是否准确;(6)地层厚度省略号的使用;(7)格式是否规范;(8)岩性柱中组内可分段的应表示到段;(9)责任表及整洁程度;(10)清绘着墨。

五、实习报告正文(100分,占报告总分的50%,每项20分)

(1)格式规范性;(2)章节完整性;(3)插图、表格等齐全、丰富、美观,书写整洁;(4)语言组织合理、逻辑清晰;(5)有自己的认识和见解。

主要参考文献

陈宙翔,叶咸,张文波,等,2019.基于无人机倾斜摄影的强震区公路高位危岩崩塌形成机制及稳定性评价[J].地震工程学报,41(1):263-273+276.

杜远生,童金南,2009.古生物地史学概论[M].2版.武汉:中国地质大学出版社.

关泽群,2007.遥感图像解译[M].武汉:武汉大学出版社.

侯林春,彭红霞,2018.秭归产学研基地野外实践教学教程:自然地理与资源环境、人文地理与城乡规划分册[M].武汉:中国地质大学出版社.

景先庆,杨振宇,仝亚博,2018,等.三峡地区新元古代莲沱组底部凝灰岩锆石SHRIMP U-Pb年代学及其地质意义[J].吉林大学学报(地球科学版),8(1):168-183.

雷奕振,1987.长江三峡地区生物地层学(5):白垩纪—第三纪[M].北京:地质出版社.

李超岭,于庆文,2003.数字区域地质调查基本理论与技术方法[M].北京:地质出版社.

李方正,蔡瑞凤,1993.岩石学[M].2版.北京:地质出版社.

李亚美,1994.地质学基础[M].北京:地质出版社.

刘本培,全秋琦,1996.地史学教程[M].北京:地质出版社.

刘鸿允,沙庆安,1963.长江峡东区震旦系新见[J].地质科学(4):177-187.

刘素楠,李通国,2014.数字化地质制图[M].北京:地质出版社.

路凤香,桑隆康,2001.岩石学[M].北京:地质出版社.

彭松柏,张先进,边秋娟,等,2014.秭归产学研基地野外实践教学教程:基础地质分册[M].武汉:中国地质大学出版社.

彭正华,郑俊杰,2001.长江三峡链子崖危岩体煤层采空区的治理[J].岩石力学与工程学报,20(5):710-710.

沈传波,梅廉夫,刘昭茜,等,2009.黄陵隆起中-新生代隆升作用的裂变径迹证据[J].矿物岩石,29(2):54-60.

石菊松,吴树仁,石玲,2008.遥感在滑坡灾害研究中的应用进展[J].地质论评,54(4):505-514.

宋春青,邱维理,张振青,2005.地质学基础[M].北京:高等教育出版社.

孙仁先,江鸿彬,石长柏,2002.三峡库区秭归县地质灾害发育规律与"群测群防"防治[J].湖北地矿,16(4):70-73.

覃小锋,李江,李容森,2008.数字填图技术在广西地质填图中的应用[M].北京:中国大地出版社.

汪洋,殷坤龙,2002.新滩滑坡稳定性的有限元分析[J].安全与环境工程,9(1):1-4.

王良忱,张金亮,1996.沉积环境和沉积相[M].北京:石油工业出版社.

向芳,宋见春,罗来,等,2009.白垩纪早期陆相特殊沉积的分布特征及气候意义[J].地学前缘,16(5):48-62.

杨坤光,袁晏明,2009.地质学基础[M].武汉:中国地质大学出版社.

叶俊林,黄定华,张俊霞,1994.地质学概论[M].北京:地质出版社.

殷鸿福,1988.中国古生物地理学[M].武汉:中国地质大学出版社.

殷坤龙,姜清辉,汪洋,2002.新滩滑坡运动全过程的非连续变形分析与仿真模拟[J].岩石力学与工程学报(7):959-962.

殷跃平,康宏达,张颖,2000.链子崖危岩体稳定性分析及锚固工程优化设计[J].岩土工程学报,22(5):599-603.

余宏明,2014.秭归产学研基地野外实践教学教程:地质工程与岩土工程分册[M].武汉:中国地质大学出版社.

喻建新,冯庆来,2016.三峡地区地质学实习指导手册[M].武汉:中国地质大学出版社.

张根寿,2005.现代地貌学[M].北京:科学出版社.

赵珊茸,2004.结晶学及矿物学[M].北京:高等教育出版社.

DENG H, KUSKY T M, WANG L, et al., 2012. Discovery of a sheeted dike complex in the northern Yangtze craton and its implications for craton evolution[J]. Journal of Earth Science,23(5):676-695.

GAO S, YANG J, ZHOU L, et al., 2011. Age and growth of the Archean Kongling terrain, South China, with emphasis on 3.3 Ga granitoid gneisses[J]. American Journal of Science,311(2):153-182.

JIANG X F, PENG S B, KUSKY T M, et al., 2012. Geological features and deformational ages of the basal thrust belt of the miaowan ophiolite in the southern Huangling anticline and its tectonie implications[J]. Journal of Earth Science,23(5):705-718.

PENG M, WU Y B, GAO S, et al., 2012. Geochemistry, zircon U-Pb age and Hf isotope compositions of Paleo-proterozoic aluminous A-type granites from the Kongling terrain, Yangtze Block: Constraints on petrogenesis and geologic implications[J]. Gondwana Research,22(1):140-151.

WEI Y X, PENG S B, JIANG X F, et al., 2012. SHRIMP zircon U-Pb ages and geochemical characteristics of the neoproterozoic granitoids in the Huangling anticline and its tectonic setting[J]. Journal of Earth Science(23):659-676.

WU Y B, GAO S, GONG H J, et al., 2009. Zircon U-Pb age, trace element and Hf isotope composition of Kongling terrane in the Yangtze craton: Refining the timing of Palacoproterozoic high-grade metamorphism[J]. Journal of Metamorphic Geology,27(6):461-477.

YIN C Q, LIN S F, DAVIS D W, et al., 2013. 2.1~1.85 Ga tectonic events in the Yangtze Block. south China: Petrological and geochronological evidence from the Kongling complex and implications for the reconstruction of supercontinent Columbia[J]. Lithos (182):200-210.